「食品の科学」が一冊でまるごとわかる

齋藤勝裕 著
Katsuhiro Saito

● は じ め に ●

　私たちが毎日何回もつき合いをし、その都度会うのを楽しみにしているもの、それが「食品」です。

　毎日、三度三度の食事はもとより、おやつ、友人との語らい、一杯傾ける時、必ず傍らにいてくれるのが食品です。食品こそは私たちの一生を通じて離れることのない、大切な親友です。

　本書は、この食品を少し科学的な目で眺めてみようという目的で書かれた本です。つまり、大切な友人の、大切な性質と特徴を「科学」という普遍的な目で確認してみようというものです。

　食品にはいろいろの物があります。まず、植物があります。動物があります。そして、魚介類があります。それらを加工した加工食品があります。特に日本人は食の範囲が広く、自然界の有機物すべてを食の対象と考えているのではないかと思うほどです。

　その意味では、「四足の物は、机以外は何でも食べる」とされる中国人といい勝負かもしれません。

　本書はそのように範囲の広い食品のほとんどすべてを取り上げています。植物、動物とはいっても、その主な成分は炭水化物、タンパク質、油脂などです。これらがいろいろの形で、いろいろの割合で含まれているのが食品なのです。

　食品は私たちに「栄養」と「元気」とを与えてくれます。<u>栄養を与えてくれるのは、炭水化物、タンパク質、油脂</u>でしょう。そして、<u>元気を与えてくれるものには、ビタミンやホルモンやエタノールやカフェインなど</u>があります。

また、日本人として大切にしたいのはそれらを含む食品の姿・形、さらにはそれらが調理されて相応しい食器に盛られた料理の美しさでもあります。

　本書は『食品の科学』という名のもとに、そのような食品に付随した調理、伝統、美意識、食に対する好奇心、そのようなものまで、まるごとご紹介しようという野心的な本です。食品を題材として、科学を案内人として、食の世界を散歩してみよう、そのような気持ちから執筆に取り組んだ本です。

　本書を読まれたら、ふだん何気なく食べている食品が、どれだけ素晴らしいもので、どれだけありがたいものなのかが、おわかりいただけるものと思います。

　最後に本書の出版に多大なご努力を傾けてくださったベレ出版の坂東一郎氏、シラクサの畑中隆氏、並びに参考にさせていただいた書籍の著者諸氏、並びに出版社の方々に感謝いたします。

　令和元年 8 月

齋藤　勝裕

CONTENTS

はじめに 3

第1章 食品の基本、それは「水」です。

1-1 料理のキホンは水です！ 10
　　　──「水」が食品の味・品質を左右する

1-2 小麦粉や砂糖は水に溶ける？ 16
　　　──「融ける」と「溶ける」は違う

1-3 酸性食品、塩基性食品って？ 19
　　　──水の種類・性質を調べてみよう

第2章 肉類はタンパク質の宝庫だ！

2-1 牛肉を徹底的に知ってみよう 26
　　　──どんな部位が食べられているのか？

2-2 豚肉は最も消費量の多い肉 31
　　　──赤豚、黒豚、無菌豚、SPF豚？ 使われる部位は？

2-3 その他の哺乳類の肉 35
　　　──羊、馬、鹿、イノシシ、クジラ、……

2-4 鳥肉はヘルシー 38
　　　──低カロリー、低脂肪で人気の「健康肉」

2-5 肉類の栄養価を比較すると 41
　　　──牛肉には鉄分、豚肉はビタミン、鶏肉はヘルシー

2-6 タンパク質の働きは？ 44
　　　──酵素の働きで「生命活動の中心」を担うのがタンパク質

2-7 食肉の熱変性とは？ 49
　　　──温度変化で変わる肉の特性をうまく利用する

2-8 食肉製品を調べてみる 53
　　　──ソーセージとハムの違いはなにか？

第3章 魚介類は高タンパク、低カロリー、低脂肪の健康食材

3-1 魚類の種類と特徴を知ろう！ 56
　　　──サケの身はホントは「白」だった？

3-2 貝にはどんな種類と特徴がある？ 61
　　　──貝の旨味は「お酒」と同じコハク酸

3-3 甲殻類の食材としての特徴は？ 64
　　　──キチン質で免疫力を高め、自然治癒力を強化する

3-4 美容強壮にスッポン？ 66
　　　──コラーゲンが豊富で生き血も飲む？

3-5 魚介類の栄養価は？ 67
　　　──サカナは高タンパク・低カロリーの健康食品

| 3−6 | 魚介類を保存した食品 | 70 |

──腐らせないための知恵が「旨味、殺菌作用」を

| 3−7 | 魚介類には「身に毒」の物が多い！ | 73 |

──弱い毒でも「量」が多ければ強毒と同じ

| 3−8 | 魚介類の食中毒のしくみ | 79 |

──バイキンには2種類あることを知っておこう

第4章 油脂が健全な体をつくっている！

| 4−1 | 油脂の種類と特徴を知る | 84 |

──動物性は常温で固体（脂）、植物性は液体（油）

| 4−2 | 油脂を科学の目で見ると | 88 |

──すべての油脂は体内でグリセリンをつくる

| 4−3 | 油脂の栄養価は？ | 92 |

──コレステロールの小さな植物性油脂

| 4−4 | 人工の油脂は体に悪い？ | 95 |

──トランス脂肪酸とはどういうもの？

| 4−5 | 油脂は「ダイエットの敵」か？ | 100 |

──油脂のつくる「細胞膜」の大切な役割は

| 4−6 | 油脂と火災の知識 | 104 |

──天ぷらの引火点・発火点の知識

第5章 穀物で知る「炭水化物」の世界

| 5−1 | 穀物の種類と特徴を知る | 108 |

──食料として、そしてエネルギーとして

| 5−2 | 世界を飢餓から救った食糧増産 | 111 |

──肥料、農薬、緑の革命

| 5−3 | 脚気とビタミンB1の物語 | 117 |

──知識不足と頑固さが招いた悲劇

| 5−4 | 炭水化物を科学の目で見ると | 120 |

──なぜ牛乳を飲むとゴロゴロするのか？

| 5−5 | ゲノム編集は農業にどう有用なのか？ | 125 |

──「種の壁」を超えて欲しいものを手に入れる技術

第6章 野菜と果実の特色はなにか？

| 6−1 | 野菜、果物、海藻の種類は？ | 130 |

──まずは分類してみよう！

| 6−2 | 野菜・果実の成分とその科学 | 134 |

──リンゴの蜜はなぜ甘くないのか？

| 6−3 | 野菜・果実の栄養価は？ | 138 |

──野菜は低カロリー、キノコは低カロリー＆高食物繊維

| 6−4 | 身の回りの野菜、キノコの毒 | 140 |

──対処法をしっかり知っておこう

6−5 残留農薬には要注意！ ……………………………………………… 146
——毒性を弱めた農薬とポストハーベスト

第7章 調味料は「5つの味」と「発酵」で考える

7−1 調味料は「味の引き立て役」 ……………………………………… 152
——日本、アジア、ヨーロッパの調味料探し

7−2 調味料にも栄養価がある ……………………………………………… 156
——味噌、醤油、お酢などのカロリー比べ

7−3 食卓の塩はNaClではない！ ……………………………………… 158
——昔の製法・今の製法で味は変わったか？

7−4 人工甘味料は「たまたま」できただけ？ ………………………… 163
——天然甘味料と人工甘味料

7−5 「第6の味」が見つかった！ ……………………………………… 168
——「甘味・塩味・酸味・苦味・旨味」の正体はなにか？

7−6 発酵調味料を科学の目で見ると ………………………………… 173
——味噌・醤油・酢・味醂はどうつくる？

第8章 ミルクとタマゴは完全栄養食

8−1 ミルクの成分と特徴は？ ……………………………………………… 178
——なぜブドウ糖ではなく、面倒な乳糖が入っているのか？

8−2 なぜ、日本には液体ミルクがなかった？ ……………………… 180
——ヒ素ミルク事件　1955

8−3 コロイド溶液ってなに？ ……………………………………………… 183
——ミルクはとても特殊な溶液だった

8−4 市販牛乳の種類と特徴は？ ……………………………………… 187
——成分の調整、脂肪球の均一化、殺菌法で違う

8−5 ミルクの成分もいろいろ ……………………………………………… 189
——成分が異なる理由はなに？

8−6 ミルクの加工品を調べてみる ……………………………………… 192
——クリーム、ホイップクリーム、バター、脱脂粉乳？

8−7 ミルクにも毒性がある？ ……………………………………………… 196
——牛乳アレルギー、乳糖不耐症とはなにか？

8−8 ミルクとミルク製品の栄養価は？ ……………………………… 198
——高タンパクな食品

8−9 タマゴを科学の目で見ると ……………………………………… 201
——ダチョウの卵は「巨大単細胞」

第9章 パン・麺を「グルテン」の視点から見てみよう！

9−1 パンの種類と特徴は？ ……………………………………………… 206
——海外と日本のパン比べ

9−2 麺の種類と特徴は？ ………………………………………………… 210
——酵母も発酵も不要な便利さが「麺」の世界を広げた

9-3 薄力粉? 中力粉? 強力粉? ･･････････ 214
──小麦粉の種類はどのくらいある?

9-4 パンのつくり方は? ･････････････････ 218
──小麦以外でもパンはつくれる

9-5 麺類のつくり方は? ･････････････････ 222
──うどん、そばをつくってみよう!

9-6 パン、麺の栄養価は? ･･･････････････ 227
──原材料の栄養価と変わらない

第10章 お菓子・嗜好品が食事に花を添える

10-1 和菓子の種類と栄養価 ･････････････ 230
──米・小豆など「植物原料」でつくるのがキホン

10-2 洋菓子の種類と栄養価 ･････････････ 236
──動物性原料を使って高カロリー

10-3 匂いと香りを科学する ･････････････ 240
──匂いのする分子、匂いのない分子の分岐点は?

10-4 お茶、コーヒーの科学 ･････････････ 244
──お茶とウーロン茶、紅茶はどこが違う?

10-5 お酒の種類と知識 ･･･････････････････ 248
──ブドウ糖からアルコール発酵させる

第11章 改質された食品を科学する

11-1 フリーズドライ食品の原理を知る ･･･････ 254
──高温にせずに「乾燥」させる秘密の方法

11-2 豆腐がつくられるまで ･････････････ 256
──豆腐はコロイドだった

11-3 高野豆腐とは? ･･････････････････ 260
──フリーズドライ製法に似て非なる独特の製法

11-4 コンニャク・凍みコンニャク ･････････ 261
──豆腐と同じ塩析の原理でできていた!

11-5 麩はどうつくられる? ･････････････ 263
──小麦粉から麩をつくるには

11-6 煮凝り・ゼリー・グミの原料は? ･････ 264
──パイナップル入りのゼリーはなぜ固まらない?

11-7 寒天よせ・乾燥寒天 ･･････････････ 266
──ゼラチンより舌触りのよい植物性原料

11-8 人気のナタデココ・タピオカ ･････････ 268
──ココナッツの実、キャッサバのデンプンが原料

11-9 ジャム・マシュマロの意外な素顔 ･････ 270
──なぜ、ジャムづくりには「酸」が必要なの?

さくいん ･････････････････････････････ 272

第1章

食品の基本、それは「水」です。

料理のキホンは水です！

――「水」が食品の味・品質を左右する

　料理には、無数といってよいほど多くの種類の食品、食材を用います。食品は私たちの体をつくるばかりでなく、生きるためのエネルギーを補給し、生命を維持してくれる大切な物質です。食品が無かったら、私たちは数日として生命を維持することはできないでしょう。料理とは、このような多くの食品を切削、混合、加熱加工などをすることによってより美味しくし、その養分をより吸収しやすい形に変化させることをいいます。

　食品のうち、野菜、肉、魚介類、卵、牛乳など、自然界から入手したばかりの加熱、加工をしていない食品のことを「**生鮮食品**」といいます。それに対してパン、麺、菓子、お酒など、加熱、加工した物を「**加工食品**」といいます。

ところが、一般に食品とはいいませんが、ほとんどすべての食品に含まれ、食事のたびに必ず摂取する重要な物質があります。私たちは、食品が無くとも数日は生きることができますが、この物質が無かったら1日の命を繋ぐことすら困難でしょう。

　そのように大切な物、それが「水」です。加熱乾燥した食品以外のすべての食品は水を含み、それだけに水は食品の味や品質を大きく左右し、人間の健康に大きく影響します。食品を扱う本書の冒頭として、まず、水の性質を見ていくことにしましょう。

　水は0℃以下に冷却すると、凍って固体（結晶）状態の氷となります。氷を加熱して0℃にすると、融けて（融解）液体状態の水となり、100℃に加熱すると沸騰して気体状態の水蒸気となります。ヤカンの口から出る白い湯気は気体の水蒸気と液体状態の水の微粒子が混じった物であり、湯気全体が気体というわけではありません。

　このような、固体、液体、気体などを一般に物質の「状態」といい、融解、沸騰等の現象を物質の「状態変化」といいます。状態変化には固有の名前が付いています。

　次ページの図で、「氷を加熱して0℃にする」と融解し、「水を100℃に熱する」と沸騰するとしましたが、実はその表現は正しくありません。正確にいうと、それぞれ「水を"1気圧のもとで"加熱して0℃にする」、「水を"1気圧のもとで"100℃に熱する」としなければならないからです。つまり、気圧を1気圧に固定しなければならないのです。もし気圧が変化したら、融解温度（融点）、沸騰温度（沸点）も変化するのです。

　ある気圧、温度のもとで、水がどのような状態でいるかを表したこの図を「水の状態図」といいます。

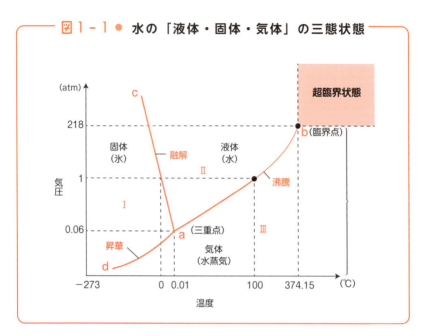

　上の図には、3本の曲線 ab、ac、ad で仕切られた三つの領域Ⅰ、Ⅱ、Ⅲがあります。水の圧力がP、温度がTのとき、その水の状態は「点（P,T）がどの領域に存在するか」で知ることができます。つまり、点（P,T）が領域Ⅰにあれば水は固体の氷となっており、領域Ⅱにあれば液体状態であるということです。たとえば点（P,T）が（1気圧、60℃）ならば、点は領域Ⅱに存在するので、この条件の水は液体であるということになります。

　それでは点（P,T）が、領域Ⅱとを分ける曲線 ab 上に乗ったときにはどうなるのでしょうか？　この時にはⅡとⅢの両状態、つまり液体と気体が同時に存在（共存）することになります。これは沸騰状態です。上図から、1気圧のもとでは100℃で沸騰することがわかります。

　同様に、線分 ac 上にあるときは固体と液体の共存状態、つまり

融解です。図から1気圧の融点は0℃であることがわかります。

　それでは線分 ad は何を表すのでしょうか？　これは氷と気体が共存することを表します。つまり、固体の氷がそのまま気体の水蒸気に変化するのです。不思議に思えるかもしれませんが、ドライアイスの融ける（昇華する）現象がこれに相当します。ドライアイスは二酸化炭素 CO_2 の固体ですが、温度が上がっても液体になることはなく、固体が直接気体になります。このような変化を昇華といいます。タンスに入れる固形の防虫剤もこのようなものです。

　水の状態図は料理に密接に関係します。いくつかの例を見てみましょう。

○圧力釜

　水の状態図によれば、水の沸点は1気圧では100℃ですが、気圧が下がると沸点も低下することがわかります。

　たとえば、高山では気圧が低くなり、沸点も低くなります。これは、水にどれだけ熱（エネルギー）を加えても、そのエネルギーは水の気化熱として使われ、水の温度は沸点以上には上がらないことを意味します。

　標高3776m の富士山の頂上の気圧は約0.7気圧であり、それに伴って沸点は85℃ほどに低下します。これは水を加熱すると85℃で沸騰し、それ以上いくら加熱しても、加熱エネルギーは水の蒸発エネルギーに使われてしまい、水の温度は沸点の85℃以上にはならないことを意味します。

　このように、富士山の頂上でご飯を炊いても、米の温度は85℃止まりで、いつまでたってもメッコメシ（芯が残っているメシ）の

まま、ということになります。

逆に圧力釜を使うと、釜内に充満した水蒸気のせいで圧力が上がります。その結果、沸点も上昇して内部は120℃にもなります。このため、魚の骨までやわらかくなるというわけです。

○フリーズドライ

水の状態図の線分 ad の昇華を見てみましょう。昇華が起こる条件は点（P,T）が線分 ad 上にあるということですから、点aより高圧高温では昇華は起きることができません。つまり、0.06気圧、0.01℃以下でなければなりません。水を含む食品をこの条件に置くと、食品中の水分は凍って氷になり、その後、気化して水蒸気になるというわけです。これが一般に**フリーズドライ**といわれる調理法になります。

1気圧のもとで水を気化して除こうとしたら、沸騰させる以外ありません。つまり、食品を100℃で加熱し続けなければなりません。これでは食品はグタグタに煮えてしまい、味も食感も台無しになってしまいます。

○ウォーターオーブン

「水で魚が焼ける」というキャッチコピーで知られたオーブンがあります。水で魚が「煮える」のならともかく、「焼ける」とはどういうことでしょうか？　水というと、つい「液体」を連想しますが、すでに見たように水には気体の水、つまり水蒸気もあります。水蒸気は気体であり、空気や都市ガスと同じです。しかも、水蒸気は都市ガスと違って燃えることがありません。

つまり、**水蒸気は高温の空気と同じように、何百℃にも、何千℃にも加熱することができる**のです。ウォーターオーブンはこのような高温の水蒸気を使って食品を加熱するのです。

　水蒸気を使う理由には加熱の効率もあります。真夏の打ち水でわかるように、水は水蒸気になるときに大量の熱（気化熱：1気圧25℃で1gあたり584cal）を奪います。ということは、水蒸気が液体に戻るときにはこれと同量の大量の熱を放出することを意味します。ウォーターオーブンは高温の水蒸気で加熱するばかりでなく、その水蒸気が食品に触れて液体に戻るときに、さらに加熱するという二段構えの加熱装置なのです。

しょくひんの窓

三重点で水はどうなるの？

　状態を区分する3本の曲線が集まる点aを「**三重点**」といいます。点（P,T）が三重点aに重なった、要するに0.06気圧、0.01℃になったら、水はどうなるのでしょう？

　この場合、三つの状態（固体、液体、気体）が共存することになります。つまり、氷を浮かべた水が激しく沸騰するのです。居酒屋のハイボール、あるいは南氷洋が沸騰して激しく泡立つのです。ペンギン君も驚くことでしょう。

　しかしご心配には及びません。0.06気圧などという真空に近い条件は、自然界では決して起こりません。実験室の特殊な装置の中でしか起きない現象なのです。ご安心ください。

第1章　食品の基本、それは「水」です。

15

小麦粉や砂糖は水に溶ける？

──「融ける」と「溶ける」は違う

　砂糖水のように、他の物質を溶かした液体を**溶液**といいます。そして溶かされた物を**溶質**、溶かした物を**溶媒**といいます。砂糖水なら砂糖が溶質、水が溶媒ということになります。

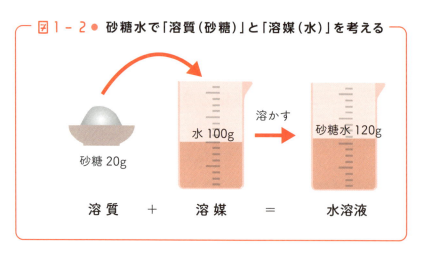

図1-2 ● 砂糖水で「溶質（砂糖）」と「溶媒（水）」を考える

砂糖 20g ／ 水 100g ／ 溶かす ／ 砂糖水 120g

溶質　＋　溶媒　＝　水溶液

　食材の中には、水に溶ける物と溶けない物があります。一見、溶けたように見えながら、溶けていない物もあります。「溶ける、溶けない」というのは、どのようにして決まるのでしょうか？
　この溶解に大きく影響するものとして、分子の性質と構造があります。めんどうかもしれませんが、「料理」を科学するためには大事なことなので見ておきましょう。

まず、性質から見ておきます。透明で硬い結晶の食塩（塩化ナトリウム）NaCl は水に溶けますが、同じように透明で硬いガラスは水に溶けません。なぜでしょうか？

　物質が溶けたり溶けなかったりする現象は不思議ですが、一般に「似た物は似た物を溶かす」といわれます。

　食塩の分子式は NaCl です。食塩はイオン性物質であり、ナトリウム Na は電子を失って陽イオン Na^+ となり、反対に塩素 Cl は電子を奪って陰イオン Cl^- となっています。

　水もイオン性の物質です。そのために互いにイオン性ということで似た性質となり、溶けあったのです。それに対してガラスにはイオン性がないため、水に溶けないのです。

　金は王水（硝酸と塩酸の混合物）以外の何物にも溶けないといわれますが、そんなことはありません。水銀 Hg にはベロベロと溶けて泥状のアマルガム（水銀合金）となります。これは両方とも金属であり、性質が似ているからです。

　次に構造の影響を見てみましょう。砂糖 $C_{12}H_{22}O_{12}$ は油脂やタンパク質と同じ有機物であり、イオン的な性質はありませんが、砂糖は水に溶けます。溶ける理由は、砂糖の分子構造にあります。

　砂糖の分子構造は次ページの図に示したものであり、1 分子内に 8 個もの OH 原子団（ヒドロキシ基）を持ちます。水分子も H-OH で 1 個の OH 原子団を持ちます。このように分子構造が似ているので砂糖は水に溶けるのです。

　ところで、氷が水に変化するように、純粋の固体が液体になる現象のことを「融ける」といいます。この「融ける」に対し、砂糖水

のように溶媒に溶解する現象を「溶ける」といいます。

図1-3 ● 砂糖を分子構造で見てみると

砂糖が水に溶けるのは8個のOHがあるから

「溶ける」とはどのようなことをいうのでしょうか？　物質が溶けるためには、二つの条件があります。それは、
① 物質がバラバラになって分子1個ずつの状態になる
② 物質の分子が溶媒の分子に取り囲まれる

②の状態を一般に溶媒和といい、溶媒が水のときには特に水和といいます。この状態の溶液は一般に透明となります。

一般に「小麦粉を水に溶かす」といいます。しかし、水に入れた小麦粉は決してデンプンの1分子ずつになっているわけではありません。まして溶媒和はしていません。したがって、小麦粉を水に溶いた物は水と小麦粉の混合物であり、溶液ではありません。

酸性食品、塩基性食品って？

──水の種類・性質を調べてみよう

　食品には、**酸性食品**、**塩基性食品**（アルカリ性食品）という区別があります。そんな言葉をお聞きになったことがあるでしょう。

　酸性食品というと、「あぁ、酸っぱい食べ物のことかな？」と思ってしまいますが、**酸っぱい梅干しやレモンは、なぜか「塩基性食品」**なのです。

　これに対し、**少しも酸っぱくも苦(にが)くもない肉や魚が「酸性食品」**なのです。なぜそんなことになるのでしょう。感覚的には逆です。

　この節では、料理に大きな関わりのある「酸性食品」「塩基性食品」について調べてみることにしましょう。そのためには、水の種類・性質を知る必要があります。

○硬水と軟水

　水にはいろいろの種類があります。美味しい水もあれば、マズい水もあります。ということは、**ふつうに「水」といわれる液体は「純粋な水」ではなく、いろいろの物質が溶け込んだ、複雑な組成の溶液**だということです。

　水の種類としてよく知られたものに**硬水**、**軟水**があります。水にはカルシウム Ca、マグネシウム Mg 等の金属元素（ミネラル分）

が溶けています。この**金属元素の量の多い水を硬水、少ない水を軟水**といいます。

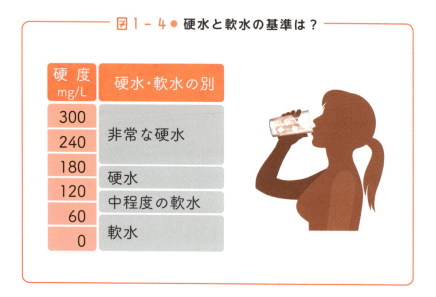

図1-4● 硬水と軟水の基準は？

具体的には水1L（リットル）中に含まれるカルシウムやマグネシウムの量を炭酸カルシウム $CaCO_3$ に換算し、その量で水の硬度を決めるのです。硬度と水の種類の関係は表に示した通りです。

一般に、日本の水は軟水が多く、ヨーロッパの水は硬水が多いといわれます。

そして、軟水が飲料に向いているように思われがちですが、そのようなことはありません。味は好みの問題ですが、**硬水はミネラル分の補給に向いており**、現にミネラルウォーターとして好まれるエビアンは硬度300を超えています。

日本酒の水として有名な**「灘の宮水」**も、六甲山脈の地下を通る間にミネラル分を溶かし込んだ硬水になっています。

○酸・塩基（アルカリ）の違いは？

　水溶液の性質として重要なものに酸性・塩基性があります。しかし、酸性・塩基性の元になっているものは酸・塩基です。したがって、まず酸・塩基について見ておくことが大事です。

　「酸・塩基の定義」はいくつかありますが、それは化学の教科書にお任せするとして、ここでは最も一般的なものを記すと、

（1）酸とは：水に溶けて水素イオン H^+ を出す物

　　　　例：炭酸　$CO_2 + H_2O \rightarrow H_2CO_3 \rightarrow 2H^+ + CO_3^{2-}$

（2）塩基とは：水に溶けて水酸化物イオン OH^- を出す物

　　　　例：水酸化ナトリウム：$NaOH \rightarrow Na^+ + OH^-$

（3）両性物質とは：H^+ と OH^- の両方を出す物

　　　　例：水　$H_2O \rightarrow H^+ + OH^-$

となります。

　さて、「酸・塩基」というのは、物質の種類のことですが、「酸性、塩基性」と、「性」がつくと、これは水溶液の性質になります。つまり、**酸を溶かした水は「酸性」であり、塩基を溶かした水は「塩基性」**なのです。

　この酸性、あるいは塩基性の強さを表す尺度に**水素イオン指数（pH）**があります。pH の定義や計算式は対数を使ってめんどうなのですが、次のことだけは頭に入れておくと便利でしょう。

　①中性は pH＝7

　② pH が 7 より小さい場合は酸性、pH が 7 より大きいなら塩基性

　③ pH の数値が 1 違うと、H^+ 濃度は 10 倍異なる

第 1 章　食品の基本、それは「水」です。

料理に欠かせない「水」は酸性でしょうか、塩基性でしょうか。水を分解（電離）すると、前ページの（3）のように1個ずつのH$^+$とOH$^-$を出します。したがって、水は酸性でも塩基性でもなく、「中性」です。

では、同じ水でも、雨水は酸性でしょうか、塩基性でしょうか。これを知るには、<u>水に溶かしたとき、水素イオン（H$^+$）を出すか、水酸化物イオン（OH$^-$）を出すかを調べればよい</u>ことになります。

雨は空気中を通って地上まで落下する間に、空気中の二酸化炭素を吸収します。（1）で見たように、二酸化炭素は水（雨）と反応すると、炭酸H$_2$CO$_3$という酸になり、H$^+$を出します。そのため、<u>**すべての雨は酸性**</u>です。通常の雨はpH≒5.4の強さですが、<u>**酸性雨**</u>という場合は、pHが5.4より小さい、特殊な雨のことをいうのです。

身の回りにある物で、酸性・塩基性の物を図に示しました。

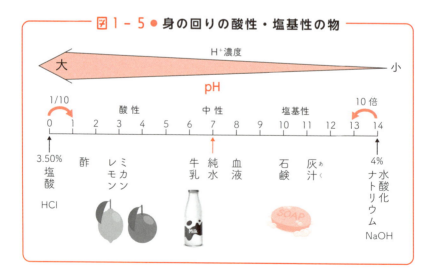

図1-5 ● 身の回りの酸性・塩基性の物

この節の最初でも触れたように、**酸性食品**、**塩基性食品**というものがあります。

食品の酸性、塩基性というのは、食品そのものの性質ではなく、食品を燃やした後に残った物（灰）を水に溶かしたとき、その溶液の性質で決めるのです。

植物を燃やしてみましょう。植物の大部分はセルロースやデンプンです。これらは炭水化物 $C_m(H_2O)_n$ であり、炭素 C、水素 H、酸素 O からできています。これらが燃えれば二酸化炭素と水になり、揮発して無くなります。

しかし、植物を燃やした後には必ず灰が残ります。この灰って、いったい何でしょうか？

植物には**ミネラル**が含まれています。要するに金属分です。灰は金属の酸化物なのです。植物の三大栄養素は窒素 N、リン P、カリウム K です。カリウムが燃えれば、酸化カリウム K_2O（正確には炭酸カリウム K_2CO_3）となりますが、これは最強の塩基です。そのため、梅干しもレモンも、すべての植物は塩基性食品なのです。

一方、肉や魚の主成分はタンパク質です。タンパク質は窒素 N や硫黄 S を含みます。窒素が酸化されれば NOx（ノックス、窒素酸化物）となり、これが水に溶ければ硝酸 HNO_3 などの強酸となります。イオウが酸化されれば SOx（ソックス、硫黄酸化物）となり、これが溶けると硫酸 H_2SO_4 などの強酸となります。そのため、肉や魚は酸性食品といわれるのです。

しょくひんの窓

塩基とアルカリは同じ？　違う？

　小学校時代には「酸・アルカリ」と習いました。ところが高校に入ると「酸・塩基」となります。アルカリと塩基とは同じなのでしょうか？　それとも違うものなのでしょうか？

　「塩基」というのは化学的にキッチリと定義された術語です。それに対して「アルカリ」は中世のアラビア化学から受け継がれた言葉で、定義が曖昧です。人によって、アルカリは

- ナトリウムNa、カリウムKなどのアルカリ金属元素を含む塩基のこと
- 自身の中にOH⁻となることのできるOH原子団を持つ塩基のこと

などと考えているようです。

　つまり、<u>アルカリは塩基の部分集合</u>なのです。そのため、化学者は「アルカリ」ではなく「塩基」という述語を使います。

　しかし、食物や栄養関係では「アルカリ」も使われているようです。その意味では、

$$「塩基」 ≒ 「アルカリ」$$

くらいにおおらかに考え、気にしないほうが賢明でしょう。

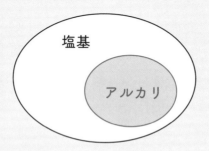

第2章

肉類はタンパク質の宝庫だ！

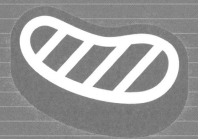

牛肉を徹底的に知ってみよう

――どんな部位が食べられているのか？

　生鮮食品の中でも、肉類は重要な物の一つです。日本のふつうの精肉店に並ぶ肉の種類は決して多くはありませんが、それでも牛肉、豚肉、鶏肉があります。そして、羊、鴨、ときには鮮魚店で鯨の肉が置いてあることもあります。

　しかし、主に消費されるのは、牛肉、豚肉、鶏肉の3種類です。まず牛肉から見てみましょう。

　牛肉の分類は複雑です。まず、国産牛肉と輸入牛肉に分けられます。**輸入牛肉**というのは外国で飼育され、外国で処理されて精肉として日本に輸入された肉のことをいいます。2009年（平成21年）におけるわが国の**牛肉の消費量は120万トンほどで、そのうち輸**

図 2 − 1 ● 牛肉の国内生産量と輸入量

	昭和55年(1980)	平成2(1990)	7(1995)	12(2000)	17(2005)	20(2008)	21(2009)	22(2010)	(目標)32(2020)
1人当たり消費量(kg/年)	3.5	5.5	7.5	7.6	5.6	5.7	5.9	―	5.8
国内生産量(万t)	43.1	55.5	59.0	52.1	49.7	51.8	51.6	―	52
輸入量(万t)	17.2	54.9	94.1	105.5	65.4	67.1	67.9	―	

出所：農林水産省 http://www.maff.go.jp/j/wpaper/w_maff/h22/pdf/z_2_2_2_4.pdf

入牛肉は68万トンであり、消費量の58％を占めています。輸入牛肉の主な生産地は米国、オーストラリア、ニュージーランドです。

　一方、国産牛肉は、「和牛」と「国産牛」に分けることができます。和牛肉というのは「国産牛」肉のなかの超エリートのような存在です。和牛は、「黒毛和牛」「褐毛和牛」「無角和牛」「日本短角種」の4種類と、これらの間の混血種の5種類だけであり、それ以外は「和牛」としては認定されていません。和牛肉というのは、これら5種類の牛から採った肉だけのことをいうわけです。

　和牛以外の国産の牛は、すべて「国産牛」と呼ばれます。国産牛には乳牛のホルスタインや、和牛と他の牛種の混血などがあります。また、外国で生まれて成長した牛を日本に連れてきて飼育したものも「国産牛」と認定されることもあります。しかしその場合、全飼育期間の半分以上を日本で過ごした牛のみが国産牛と認定されます。

　一般に肉質がよいのは和牛と考えがちですが、最近は脂肪交雑（サシ）が入り過ぎた和牛を敬遠する向きもあり、どの肉をよいとするかは消費者の好みによる、ということのようです。

　さらに、「和牛」「国産牛」の間にも違いがあります。それは産地の違いです。現在はともかく、一時「松坂牛」は牛肉の中でも別格扱いでした。それほどではなくとも、現在でも産地信仰の面影は残っているようです。また、産地によっては自社ブランドのように自地ブランドにこだわっている地域もあります。

　「和牛」「国産牛」には、次ページの図のように、ある程度統一した階級付けが行なわれています。

図 2−2 ● 和牛・国産牛の区分

肉質等級	BMS	銘柄（その段階に位置づけられる主な銘柄）
5	No.12	
5	No.11	佐賀牛 [+4]
5	No.10	仙台牛 [+3]
5	No.9	神戸牛 [+5]、前沢牛、若柳牛、常陸牛、阿波牛、宮崎牛
5	No.8	米沢牛 [+6]、飛騨牛、熊野牛 [+7]
4	No.7	おおいた豊後牛、石垣牛
4	No.6	仙台黒毛和牛、松阪牛、伊賀牛、近江牛、三田牛、大和牛、しまね和牛、千屋牛
4	No.5	佐賀産和牛
3	No.4	但馬牛
3	No.3	
2	No.2	宮崎和牛、飛騨和牛
1	No.1	豊後牛

○**肉質等級**：4つの要素（脂肪交雑・脂肪の色沢と質・肉の色沢・肉の締まりおよびキメ）で構成される。

○**BMS**：霜降りの度合いを示す脂肪交雑（BMS）は12段階で評価される。

○**銘柄**：色文字は一般に三大和牛と呼ばれる銘柄。どの3銘柄か公式に決まっているわけではない。　Wikipediaをもとに一部変更

「和牛」「国産牛」の区分の基準は、赤身にどれだけの脂身が混じっているかの度合い「脂肪交雑、BMS」であり、それによって表の左にあるように、12階級に分けられています。この階級が消費者にあからさまに表示されることはありませんが、それを大きく5階級に分類した肉質等級（表のいちばん左）は、スーパーに並ぶ精肉にも表示されることがあります。

また、牛肉の中には**産地名**を付けて販売される物がありますが、その分類は、表の「銘柄」と書かれて分類されているものです。神戸牛、米沢牛、松坂牛などはかつて**三大和牛**肉と呼ばれました。その等級は図で見る通りです。神戸牛は4等級肉までしか命名を認

められていませんが、米沢牛には3等のものもあったことになります。松坂牛に等級はありませんが、おそらく独自の等級を持っていたということなのでしょう。

牛肉は牛の体のどの部位から採ったかによって味や食感に大きな違いがあります。そのため、各部位には固有の名前が付いていますが、それは次の図に示した通りです。

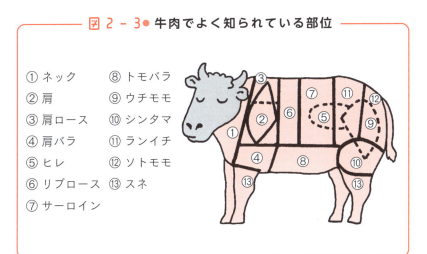

図2-3●牛肉でよく知られている部位

① ネック
② 肩
③ 肩ロース
④ 肩バラ
⑤ ヒレ
⑥ リブロース
⑦ サーロイン
⑧ トモバラ
⑨ ウチモモ
⑩ シンタマ
⑪ ランイチ
⑫ ソトモモ
⑬ スネ

主な部位の特徴を見てみましょう。

○**肩ロース**：ロースあるいはロース肉とは、肩から腰にかけての背肉の部分をいいます。肩ロースというのは肩にあるロース部位で、最もきめの細かくやわらかなところです。

○**トモバラ**：通常、「バラ肉」と呼ばれている部位で、繊維質、筋膜が多く、肉のきめは粗いですが、サシが入り、濃厚な風味を持っています。大衆的な牛丼や焼き肉用に使われます。

○**ヒレ**：最もやわらかい部位です。1頭の牛から得られるヒレは3％程度しかなく、価格的にも最も高くなります。調理する際

には、加熱しすぎないことが大切です。

○**リブロース**：胸の筋肉の中で最も肉厚の部分であり、通常、ロースといわれているのはこの部位です。「すき焼き」「しゃぶしゃぶ」「ローストビーフ」「ステーキ」などの代表的な牛肉料理に使われます。

○**サーロイン**：牛肉でロインと呼ばれる部位は3点（リブロイン、サーロイン、テンダーロイン）ありますが、そのうち、サーの称号を冠する最高の肉質を持つ、代表的なステーキ部位です。サーロインの「ロイン」とは部位の名前で、いわばロースと同じ意味です。イギリスの国王ヘンリー8世が、このステーキのあまりの美味しさに感激して「サー」（Sir）の称号を与えたという話があります。サー（Sir）といえばイギリスで騎士につける称号です（女性の場合、Sir に相当するのはデイム：Dame）。しかしフランス語では「上の」という意味でサーを使うということで、はたしてどちらの説が正しいかはハッキリしませんが、いずれにせよ、褒め言葉であることは間違いないようです。

○**ティー（T）ボーン**：サーロインに骨を付けたまま、内側に付いているヒレを同時にカットしたものです。断面の骨の形状がT字型をしているので、このように呼ばれています。風味のよいサーロインと、やわらかいヒレの両方を同時に味わえることから、最高のステーキカットといわれます。

豚肉は最も消費量の多い肉

―― 赤豚、黒豚、無菌豚、SPF 豚？ 使われる部位は？

　日本人が日常的に消費する哺乳類の肉としては、牛肉、豚肉が最も一般的ではないでしょうか。その他に、量は落ちますが、マトンなどの羊肉や鯨肉などが、哺乳類の肉としてあります。

　2009 年（平成 21 年）の国内での**豚肉消費量は約 160 万トンで、そのうち輸入肉が占めるのは約 70 万トン**となっており、全消費量の 45％ほどが輸入肉となっています。主な輸入国はアメリカ、カナダ、デンマーク、メキシコなどです。

図 2-4 ● 豚肉消費のうち、45％が輸入肉

【豚肉】国内生産量 （2016 年度）	【豚肉】主な生産地（生産量シェア） （飼養頭数ベース：2017 年 2 月 1 日現在）		
894 千トン	鹿児島県 1,327 千頭（14％）	宮崎県 847 千頭（9％）	千葉県 664 千頭（7％）

【豚肉】価格・生産量・輸入量の推移（円 /kg・千トン）

年度	2012	2013	2014	2015	2016
国内価格	629	713	847	771	754
国際価格	526	529	556	532	526
国内生産量	907	917	875	888	894
輸入量	760	744	816	826	877

出典：食肉流通統計、畜産統計、貿易統計　（注）部分肉ベース
　　　国内価格：省令価格（東京及び大阪の中央卸売市場における「極上・上」規格の
　　　加重平均値、国際価格：CIF 平均単価）

第 2 章　肉類はタンパク質の宝庫だ！

豚肉の美味しさはブタの種類に依存しており、それだけに多くの種類の豚が精肉用として飼育されています。主な種類を見てみましょう。

○**ヨークシャー**：イギリス原産の中型白色豚。全品種中もっとも筋繊維が細かくやわらかく、脂肪の質にも優れ美味な豚肉とされます。現在では希少種とされています。

○**バークシャー**：イギリス原産のバークシャーと各種の豚を交雑したもので、黒色なので一般に「黒豚」といわれます。強健で、ロースの芯が大きく、肉質が良好なことで知られています。

○**デュロック**：ニューヨーク州のデュロックと称する赤色豚とニュージャージー州のジャージーレッドとを交配したもので、体が赤いので「赤豚」ともいわれます。わが国には戦後最も早く輸入された種類です。

○**ランドレース**：デンマークの在来種にヨークシャー種を交配して成立した白色大型の豚です。発育が早いため、飼料要求率が低く、背脂肪もうすくて優れています。日本国内でも純粋種では最も多く飼育されています。

○**三元豚（さんげんとん）**：上に挙げたような純粋種の豚の中から3種類の品種を選んで掛け合わせた「1代雑種の豚」をいいます。これは雑種強勢という現象を利用することによって各品種の長所を強く併せ持った豚を生産するためです。この豚が食用に供されるのは1代限りであり、子孫を残すことはありません。

牛肉と同じように、豚肉もその部位によって味が異なります。主な部位の名前とその特徴を見てみましょう。

○**肩**：よく運動する部位なので、硬めで肉のきめも少々粗いですが赤身の多いのが特徴です。煮込料理にして長時間煮込むと、コラーゲンたっぷりの旨味が出ます。

○**肩ロース**：赤身の中に脂肪が混ざり、豚肉特有のコクと香りがあります。ひき肉、角切り、薄切りなどにしていろいろな料理に利用することができます。しょうが焼きや酢豚にもよいでしょう。

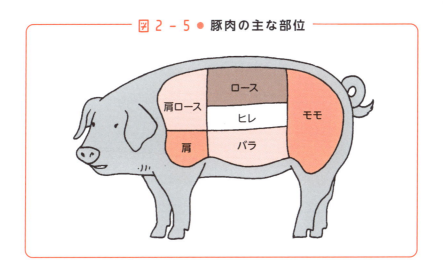

図 2-5 ● 豚肉の主な部位

○**ロース**：肉のきめが細かくてやわらかく、脂肪に旨味があります。ポークソテーやローストポークなどに適しています。

○**ヒレ**：肉量が少なく貴重な部位で、豚肉の中で最上の部位とされます。脂肪が少なく淡泊な味なので、トンカツやソテーなど油を使った料理に向いています。

○**バラ**：肉質はやわらかく、赤身と脂肪が層になっているのが特

徴です。骨付きは**スペアリブ**と呼ばれ、バーベキューに利用されます。また角煮や焼き豚などの煮込み料理にも適しています。

○**モモ**：筋肉の多い部位で脂肪が少なく、きめ細やかでやわらかい肉質です。塊のままローストポークや焼き豚にするとよいでしょう。お尻に近いソトモモの部分は、肉質がかたく、きめがやや粗いので、薄切りにして豚汁にするとおいしい部位です。

最近よく耳にするのが「**無菌豚**」です。これはどういう豚なのでしょうか。豚は豚サルモネラ菌や有鉤 条 虫（ゆうこうじょうちゅう）という寄生虫に汚染されていることがあり、このような豚肉を生で食べると人間が感染してしまいます。そのため、豚肉の生食は禁止されています。

ところが、無菌豚という特殊な豚がいて、「無菌豚であれば、生食可能」といわれることがあります。本当なのでしょうか？　**端的にいうと、それは誤解です。**

無菌豚というのは、親の世代から無菌室で厳重に管理された豚のことであり、そのような豚はもっぱら実験に使われるだけで、食用にされたり、まして精肉店に出回ることはありません。

一般に無菌豚といわれるのは **SPF 豚**のことであり、これは清潔な環境で清潔なエサで育てられ、**「特定の指定細菌に感染していない豚」のことをいい、決して「無菌の豚」ではない**のです。SPF 豚は「健康豚」とか「健全豚」というべきものです。したがって SPF 豚を生で食べることはできません。

その他の哺乳類の肉
―― 羊、馬、鹿、イノシシ、クジラ、……

牛肉、豚肉以外の獣肉を見てみましょう。最近は野生の動物肉や鳥肉を食べる**ジビエ**がブームであり、通信販売などを利用すればいろいろの肉が手に入るようになりました。

羊の肉はかつてジンギスカン料理と称して主に焼肉として食べられていました。しかし、独特の匂い（獣臭）があるため、苦手とする人がいたことも確かです。羊肉は1歳未満の子羊から採った**ラム**と、それ以上の年齢の羊から採った**マトン**に分けられます。ラムには獣臭がほとんどなく、やわらかくて食べやすいため、「ラムチョップ」などとして喜ばれています。

獣臭があるのはマトンですが、その匂いは主に脂肪の部分にあります。しかし匂いを気にしなければ、本当に旨味のあるのはマトン

だともいわれます。

　商業捕鯨は国際捕鯨委員会によって禁止されているので、現在市場に出回っている鯨肉はクジラの生態を調査するという名目の調査捕鯨によって得られたものです。したがって量は限定的です。

　しかし、2019年、日本はこの委員会を脱退しました。その結果、今後、市場に多くの鯨肉が出回る可能性があります。現在市場に出回っている鯨肉の種類はナガスクジラ、ミンククジラ、イワシクジラ、ニタリクジラ、ツチクジラなど多様です。料理の種類はベーコン、大和煮、刺身、さらし鯨、塩鯨など、これまた多様です。それだけ日本人が鯨肉を貴重なタンパク源として利用してきたことを示すものです。しかし最近は若い人のクジラ離れが顕著であり、クジラを食べる文化が今後どれだけ続くか、危うい面もあるといわざるを得ません。

　馬肉は桜肉とも呼ばれ、濃い赤色をしています。タンパク質が多く、脂肪分が少ないので低カロリーのヘルシー肉として喜ばれます。多くは競馬用として飼育されて、老齢、怪我などで競馬に耐えらなくなった馬が食用に回されるようです。

　一般的ではありませんが、鹿、猪、熊、兎などの野生動物の肉も食用になります。ただし、寄生虫や病気などの恐れがあります。鹿肉のルイベ（冷凍肉）で中毒事件が起きることや、兎では野兎病にかかることもあります。野生動物の肉を生で食べることは極力避けるべきでしょう。

しょくひんの窓

いちばん美味しい肉は、実はネズミ？

　全身をうろこで覆われた哺乳類の**センザンコウ**は絶滅危惧種ですが、中国では、センザンコウの肉には薬効があり、うろこには魔除けの効果があるということで、密猟が後を絶たないそうです。

センザンコウ　　　　　　　　コウモリ

　何が美味しいか、何が旨いと思うかは人それぞれです。そのなかで、「哺乳類の中で最も美味しいのはネズミ」であるという説があります。この説が流布したら、ドブネズミは食べ尽くされ、一掃されてしまうかもしれません。

　空を飛ぶ**コウモリ**はレッキとした哺乳類であり、その種類は980種類以上といわれますから、味は種類によって異なるとしかいいようがありません。しかし、翼長2mに達するオオコウモリの一種である**フルーツコウモリ**は非常に美味しいといわれます。チャンスがあれば、一度、試してみる価値はあるかもしれません。

鳥肉はヘルシー

——低カロリー、低脂肪で人気の「健康肉」

　20世紀末に、ニュージーランドに棲むある種のツグミの肉が毒を持つことが発見されました。しかし、それ以外に食べて害のある鳥は、現在のところ発見されていません。鳥肉、特に鶏(にわとり)の肉は多くの人々に好まれています。

　鳥肉という場合、ふつうは鶏の肉を指します（地方によっては鶏肉のことを「カシワ」ということもあります）。しかし、鶏にもいろいろの種類があります。まず、鶏の種類を見てみましょう。

○**軍鶏（しゃも）**：大型の鶏で羽毛は茶褐色です。闘鶏や食用にします。

○**烏骨鶏（うこっけい）**：小型の鶏で栄養価が高いとされます。

○**ブロイラー**：食肉用の若鶏で、大規模な鶏舎で育成されます。

○**地鶏**：特定の地域で昔から生産されている鶏、あるいは絶滅した種類を復活したものもあります。一般的に「地鶏」という表示をするには品種・飼育期間等の条件があります。名古屋コーチン、比内地鶏(ひないじどり)などが有名です。

　町の精肉店で「鳥肉」を買う場合、対象になるのはほとんどの場合、鶏の肉だけです。したがって問題になるのは鳥の種類ではなく、

鶏肉の部位の違いになります。牛肉や豚肉と同じように、鶏肉にも部位によって固有の名前が付けられています。

○**胸肉**：脂肪が少なく、火を通しすぎるとパサパサした食感になります。欧米では最も好まれる部位ですが、日本では敬遠されがちです。近年は低カロリー、低脂肪のダイエット食材として人気があります。

○**ささみ**：胸肉に近接した部位。脂肪が少なく、淡白な風味があります。形が笹の葉に似ていることから付けられた名称です。

○**モモ肉**：脂肪が多く、赤身で味にコクがあります。

○**手羽**：翼の部分。肉は多くありませんがゼラチン質と脂肪が多く、主にから揚げ、煮込み、出汁に使用します。また肉を骨から一部離して裏返し、骨を手で持って食べやすくしたものは「チューリップ」と呼ばれて、から揚げにします。

日本では一般的ではないようですが、鶏以外の鳥肉も食用にされています。

七面鳥は大型の鳥で野生種は赤や青の混じった複雑な色をしていますが、食用に飼う種類は白色です。脂肪分が少ないのでヘルシーとされます。蒸し焼きや燻製などにされます。欧米ではクリスマスに欠かせないものとなっています。

鴨（かも）の肉としてスーパーなどで一般的に売られているものの多くは合鴨（あいがも）で、マガモとアヒルの交雑種です。家禽であるアヒルに比べて小型であり、肉量が少なく、成長に時間がかかるといった欠点があります。そのため食肉用に飼養するより、田の雑草や害虫を退治するために田で放牧されたものが食用に回るケースが多いようです。

合鴨肉は鴨肉に比べると一般に脂身が多く、赤身はクセがなく、やわらかくて、味はやや薄いとされます。鴨鍋、鴨ロースとして供されます。

ダチョウ、ホロホロ鳥、ウズラなども食用にされますが、一般的ではありません。

日本では狩猟法によって野鳥の捕獲が制限されています。そのため、食用に利用される野鳥（ジビエ）はキジ、ヤマドリ、コジュケイ、カモ類、シギ類、スズメなどに限られます。

しょくひんの窓

ウサギは鳥だった？

仏教伝来以降、日本人の肉食の機会は減ったようです。それでも平安時代の貴族の献立の中には「鹿の干し肉」が入っていますから、肉食が完全に絶えていたわけでもないようです。

しかし、一般の人が牛や豚などの大型獣を食べることはなかったようで、食べる機会のあった哺乳類といえば、せいぜいウサギくらいだったようです。それでも、哺乳類を食べることに罪悪感があったのか、「ウサギはケモノではなく、トリである」と自分を納得させていたようです。

その名残がウサギの数え方だといいます。ウサギは一匹、二匹とは数えません。イチワ（一羽）、ニワ（二羽）と数えます。これは鳥の数え方と同じです。長い耳を羽になぞらえたのかもしれません。

2-5 肉類の栄養価を比較すると

―― 牛肉には鉄分、豚肉はビタミン、鶏肉はヘルシー

　食品の成分は挙げきれないほど多数ありますが、主なものとしてはタンパク質、糖類、脂質、それに微量成分としてコレステロール、ビタミン、ミネラル（主に金属）などがあります。<u>肉類の栄養価の特徴は、タンパク質を豊富に含むこと</u>です。肉類を構成する成分を次ページの表にまとめました。

　牛肉は高タンパクの優れた食品ですが、特にヘモグロビンが多い、つまり鉄分が多いという特徴があります。貧血気味の人にはお勧めです。しかし、次ページの表を見ればわかる通り、各栄養分の量は部位によって大きな違いがあります。

　まず、脂質の量（脂肪の合計）がリブロース（52g）とモモ肉（29g）の間で大きな違いがあることがわかります。脂質には飽和脂肪酸と不飽和脂肪酸（第4章参照）があり、肉類は野菜や魚介類に比べて飽和脂肪酸が多いことが知られています。牛肉では、どの部位でも飽和脂肪酸の割合はほぼ33％となっています。

　カロリーも、脂質を多く含むリブロースと赤身の多いモモ肉では大きな違いがあります。脂身の多いリブロース（539kcal）が赤身の多いモモ肉（343kcal）のカロリーより大きいのは当然でしょう。それに伴ってタンパク質の量もモモ肉の方が多くなっています。

コレステロールはバラ肉で98mg、モモ肉で85mgと、共にかなり大きな値を示しています。

図2－6 ● 牛肉、豚肉、鶏肉、その他の栄養成分

100gあたり

		カロリー kcal	水分 g	タンパク質 g	全脂質 g	飽和脂肪酸 g	コレステロール mg	食塩相当量 g
交雑牛	リブロース	539	36.2	12.0	51.8	18.15	88	0.1
	バラ	470	41.4	12.2	44.4	14.13	98	0.2
	モモ	343	53.9	16.4	28.9	9.63	85	0.2
豚	肩ロース	253	62.6	17.1	19.2	7.26	69	0.1
	バラ	395	49.4	14.4	35.4	14.6	70	0.1
	モモ	183	68.1	20.5	10.2	9.5	67	0.1
ニワトリ	むね（皮付き）	244	62.6	19.5	17.2	5.19	86	0.1
	モモ（〃）	253	62.9	17.3	19.1	5.67	90	0.1
	ササミ	114	73.2	24.6	1.1	0.23	52	0.1
ラム	カタ	233	64.8	17.1	17.1	7.62	80	0.2
	クジラ（赤肉）	106	74.3	24.1	0.4	0.08	38	0.2
	ウマ（赤肉）	110	76.1	20.1	2.5	0.80	65	0.1

日本食品標準成分表（7訂）より

豚肉も牛肉と同様に栄養バランスのよい優れた食品ですが、特に豚肉にはビタミンB1をはじめとするビタミンB群や亜鉛、鉄分、カリウムなどが豊富に含まれています。

豚肉のカロリーは一般に牛肉より低めですが、タンパク質量は牛肉より多めですから、豚肉は牛肉に比べ「低カロリー、高タンパク」ということができるでしょう。また、飽和脂肪酸やコレステロールも牛肉より低く、健康志向の消費者には喜ばれそうです。ただし鉄分は牛肉の半分から3分の1と、かなり低くなっています。

鶏肉の栄養価は部位によって大きな違いがあります。一般にカロリーは他の牛肉や豚肉よりも低く、反対にタンパク質は多めですから、こちらも低カロリー、高タンパクです。ただしコレステロールは少々多めです。

　鶏のササミは、肉とは思えないほど低カロリーであり、反対にタンパク質は牛肉、豚肉より多くなっています。その上、脂質は1.1gと、これも肉とは思えないほど少なくなっています。コレステロールも低めですから、非常に優れた肉食品ということができるでしょう。

　ラムは低カロリー、高タンパク、低脂質ですが、コレステロールは牛、豚とほぼ同じとなっています。

　馬肉も低カロリー、高タンパクです。コレステロールも低く、反面、鉄は他のどの肉よりもたくさん含まれています。

　鯨肉は馬肉に似ていますが、さらに低脂肪であり、コレステロールは他の肉類に比べて最も低いものです。優れた食肉というべきでしょう。

タンパク質の働きは?

——酵素の働きで「生命活動の中心」を担うのがタンパク質

　肉の主成分は**タンパク質**です。タンパク質というと筋肉の主成分であり、焼き肉の主役と思いがちですが、それではタンパク質に失礼です。**タンパク質は筋肉として動物の体をつくるだけでなく、各種の酵素として「生命活動の中心」となっている**からです。**酵素**が無かったら、生命体は1秒たりとも生きることはできません。それほど重要です。

　タンパク質は非常に長い分子ですが、それは**アミノ酸**という小さな単位分子が何百個も何千個も繋がっているからです。このような分子を一般に**高分子**といい、ポリエチレンやPETが有名です。

　同様に、タンパク質やデンプン、セルロースなども同じような高分子であり、これらのように天然に存在する高分子を、特に天然高分子といいます。

　すべての天然高分子は食べられて体内に入ると**加水分解**されて単位分子に分解されます。

$$\text{タンパク質} \xrightarrow{\text{加水分解}} \text{アミノ酸}$$

　タンパク質が分解されてできるアミノ酸は、中心になる炭素に4

個の異なる原子団（置換基）、R、H、NH₂（アミノ基）、COOH（カルボキシル基）が着いた分子です。Rは記号で、適当な原子団を指し、Rの違いが各アミノ酸の違いになります。人間の場合にはアミノ酸は20種類しかありません。

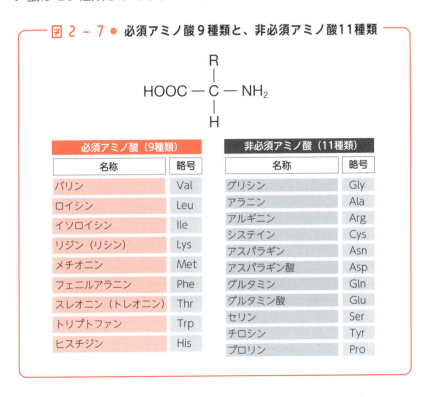

図2-7 ● 必須アミノ酸9種類と、非必須アミノ酸11種類

必須アミノ酸（9種類）	
名称	略号
バリン	Val
ロイシン	Leu
イソロイシン	Ile
リジン（リシン）	Lys
メチオニン	Met
フェニルアラニン	Phe
スレオニン（トレオニン）	Thr
トリプトファン	Trp
ヒスチジン	His

非必須アミノ酸（11種類）	
名称	略号
グリシン	Gly
アラニン	Ala
アルギニン	Arg
システイン	Cys
アスパラギン	Asn
アスパラギン酸	Asp
グルタミン	Gln
グルタミン酸	Glu
セリン	Ser
チロシン	Tyr
プロリン	Pro

　人間は体内でアミノ酸を他のアミノ酸からつくることができます。しかし、つくることのできないアミノ酸もあります。このようなアミノ酸は食物として外部から摂り入れなければなりません。このアミノ酸を**必須アミノ酸**といい、全部で9種類あります。

　タンパク質は多数個のアミノ酸が結合した天然高分子です。それでは、たくさんのアミノ酸が結合したものはすべてタンパク質なのかと問われると、実はそれほど単純ではないのです。

アミノ酸は互いに結合することができます。このようにして何百個ものアミノ酸が結合してできた長い紐状分子、すなわち天然高分子を**ポリペプチド**といいます。「ポリ」とは、ギリシア語で「たくさん」を意味する数詞です。ポリエチレンのポリと同じです。

　どのようなアミノ酸がどのような順序で結合しているか？ それはタンパク質の構造にとって最も重要なことです。これを専門的には、タンパク質の平面構造、あるいは一次構造といいます。

　それでは「ポリペプチド＝タンパク質」となりそうなものですが、そうではありません。ポリペプチドの中の特別なポリペプチド、いわば**ポリペプチドのエリートだけがタンパク質と呼ばれる**のです。

　エリートの条件、それは立体構造です。タンパク質というのは、ポリペプチドの紐がキチンと再現性を持って畳まれていることが大切なのです。この畳み方によってタンパク質としての機能が出てきます。

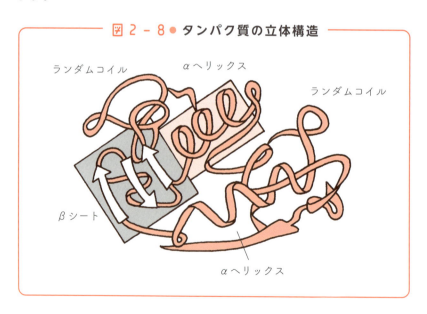

図 2-8 ● **タンパク質の立体構造**

タンパク質の立体構造の例を図に示しました。αヘリックスといわれる部分はポリペプチド鎖が螺旋形になった部分、βシートはポリペプチド鎖が平行に並んで平面形になった部分、ランダムコイルはこの二つの部分を繋ぐ部分です。

一時大変な問題になった狂牛病は、この畳み方に関係していました。狂牛病の原因になったのは、プリオンというタンパク質でした。プリオンタンパク質の機能は不明な点が多いのですが、多くの動物に存在し、何らかの有用な機能を担っています。

ところが、何らかの原因でこのプリオンの立体構造が狂った異常型プリオンが発生するのです。この異常型プリオンが脳を破壊し、スポンジ状にしてしまいます。しかもこの異常型プリオンは正常型のプリオンに伝播して、異常型に変えてしまいます。これが狂牛病の原因だったのです。

タンパク質の立体構造は大変に複雑でデリケートなので、加熱や酸、アルコールなどの化学物質による処理などによって壊れてしまいます。こうなると、タンパク質としての機能を失います（変性）。いったん変性したタンパク質は、元に戻りません。卵をゆでると硬くなりますが、温度を下げても元の生卵には戻りません。つまり、ゆで卵は熱変性したものなのです。

タンパク質にはいろいろの種類があります。まず、植物に含まれる植物性タンパク質と、動物に含まれる動物性タンパク質に分けることができます。

動物性タンパク質には酵素やヘモグロビンなどの機能性タンパク質と、体をつくる構造タンパク質があります。構造タンパク質は、毛や爪をつくるケラチンや、健や筋をつくるコラーゲンがよく知ら

れています。

　コラーゲンは体をつくる重要なタンパク質であり、動物の全タンパク質の 1/3 はコラーゲンといわれています。

　ケラチンもコラーゲンも、分解されればすべて 20 種類のアミノ酸です。ケラチンを含む毛や爪を食べて髪を増やそうという人はいません。コラーゲンも同じです。食べれば分解されてアミノ酸になるだけです。もう一度コラーゲンとして再生する確率は、他のタンパク質と同じ 1/3 の確率です。

はっこうの窓

ヘビ酒の毒成分は？

　毒物には、フグ毒のようなふつうの分子構造を持った毒（低分子毒）と、細菌の出す毒のようなタンパク質の毒（タンパク毒）があります。マムシなど毒蛇の毒の多くはタンパク毒です。

　したがって、マムシやハブを焼酎に漬けると、タンパク毒がアルコールによって変性して、（いつかは…）毒性を失います。ただし、それがいつのことかはハッキリしません。自己責任で確かめる以外ありません。

　また、毒性を失った結果の物質（ポリペプチド）が健康や精力に効果があるのかどうかも、自己責任で確認ということになります。

2-7 食肉の熱変性とは？

―― 温度変化で変わる肉の特性をうまく利用する

肉を調理するときに、タンパク質に起こる変化は熱による変性です（**熱変性**）。食肉の多くは動物の筋肉であり、筋肉はタンパク質がいろいろの形でまとまった集団です。それだけに、肉を調理するときには肉特有の複雑な問題が生じます。

図は筋肉の模式図です。筋肉は筋線維と呼ばれる細胞がコラーゲンの膜で束ねられた構造をとっています。そして筋線維は長い繊維状の筋原線維タンパク質とその間を埋める球状の筋形質タンパク質という2種のタンパク質からできています。

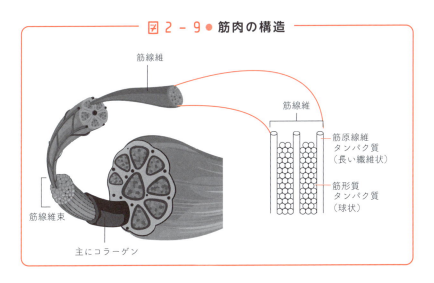

図2-9 ● 筋肉の構造

肉を加熱すると硬さが変化します。つまり、60℃までは温度が高くなるにつれて徐々にやわらかくなります。60℃を越えると急激に硬くなりますが、75℃を越えると再びやわらかくなります。このような不思議な硬さの変化は、なぜ起こるのでしょうか？

　それは筋肉を構成する 3 種類のタンパク質、

①コラーゲン

②筋原線維タンパク質

③筋形質タンパク質

のそれぞれが熱変性する温度が異なっているからです。つまり、

● 45 ～ 50℃：筋原線維タンパク質が熱で凝固

● 55 ～ 60℃：筋形質タンパク質が熱で凝固

● 65℃：コラーゲンが縮んで最初の 1/3 の長さになる

● 75℃：コラーゲンが分解されてゼラチン化

　肉を加熱した場合の硬さの変化と加熱温度の関係を次ページのグラフに示しました。上で見た 3 種類のタンパク質の熱変性温度とを見比べると、硬さの変化の原因がよくわかります。

　つまり、肉を加熱して温度が高くなると筋原線維タンパク質は硬くなりますが、筋形質タンパク質は固まっていないので、噛むとやわらかく感じられます。しかし 60℃を越えると筋形質タンパク質も凝固するので、肉全体が硬くなります。そして 65℃を越えるとコラーゲンが縮むので肉はさらに固くなります。

　ところが 75℃を越えるとコラーゲンは分解してゼラチン化するので、肉は再びやわらかくなるのです。肉を煮込むとコラーゲンの分解が進行し、肉はやわらかくなっていきます。

肉を長時間煮込んだ煮汁を冷やすとゼリー状になりますが、これはコラーゲンが分解されて煮汁に溶け出したことを示すものです。しかし、長く煮すぎるとコラーゲンの膜が融けて無くなり、肉の線維はバラバラになってしまい、肉としての歯触りがなくなるので、肉の旨味は消えることになりかねません。

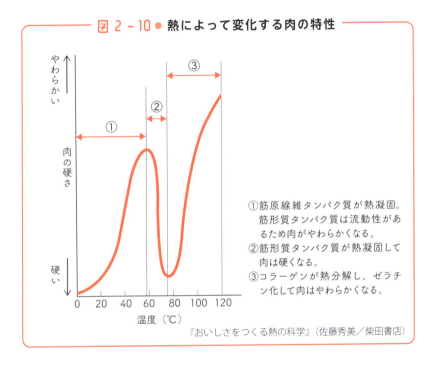

図 2-10 ● 熱によって変化する肉の特性

①筋原線維タンパク質が熱凝固。筋形質タンパク質は流動性があるため肉がやわらかくなる。
②筋形質タンパク質が熱凝固して肉は硬くなる。
③コラーゲンが熱分解し、ゼラチン化して肉はやわらかくなる。

『おいしさをつくる熱の科学』（佐藤秀美／柴田書店）

しょくひんの窓

核酸とアミノ酸の「旨味」

　生物の最も重要な機能は「遺伝」です。遺伝を司る分子は核酸といわれるもので、核酸にはDNAとRNAの2種類があります。これらはいずれもヌクレオチドという4種の単位分子が結合した天然高分子です。

　核酸も食べられて胃に入ると加水分解されて、4種の単位分子になります。その中にイノシン酸、グアニル酸があり、前者は鰹節の旨味、後者はシイタケの旨味成分になっています。そのため、この二つを核酸系の旨味成分といいます。

　それに対して味の素で知られるグルタミン酸はアミノ酸であり、タンパク質の成分です。そのためグルタミン酸はアミノ酸系の旨味成分とされます。同じように「酸」の名前が付きながら、オリジンは違うのです。

図2-11● 三つの「旨味成分」のモトは違う？

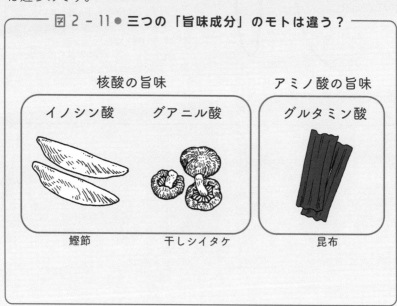

2-8
食肉製品を調べてみる

―― ソーセージとハムの違いはなにか？

　肉は美味しくて栄養豊かな生鮮食品ですが、常温で放置すれば腐敗してしまいます。そこで保存のためにいろいろの方策が工夫されました。

　そのような加工品の一つが**生ハム**です。生ハムは豚のモモ肉の塩蔵品です。つくり方としては豚肉の肉塊を塩または塩水に漬けて適当な期間熟成します。その後、洗って塩出しをした後、温度と湿度を一定に調節した乾燥室に移動して、熟成を進めていきます。このようにして数か月から長い場合には数年もかけて熟成し、完成品となります。

　日本でお馴染みの「**生ハムでないハム**」は、塩出しをした後の肉を茹でて加熱し、乾燥した物です。プレスハムはソーセージのように、ミンチにかけた肉を加えて圧搾加工（プレス）した肉を用いたもので、ソーセージのような製品といってよいでしょう。

　<u>ソーセージとハムの違いは、ハムが肉塊を用いるのに対してソーセージはミンチにかけて細かくした肉を用いること</u>です。簡単にいえば、ハムをつくる際に出たくず肉を利用したのがソーセージといえるでしょう。このミンチ肉を豚や羊の腸に詰め、燻製した後、茹

でて完成です。

　ベーコンは豚のバラ肉を塩漬けし、塩抜きをした後に燻製したものです。生ハムと似ていますが、違いは部位（モモ肉とバラ肉）、燻製するかしないかです。

　コンビーフの"コン"とはなんでしょうか？　これは"corned"からきた語で"塩漬け"を意味します。ということでコンビーフは、本来は「塩漬け牛肉」のことをいいます。日本でコンビーフといえば、もっぱら特有の形をした缶に入った缶詰肉を思い出しますが、欧米のコンビーフは缶詰にはなっていない、塩漬け牛肉です。

　しかし日本では、日本農林規格（JAS）によって「コンビーフは牛肉を塩漬し、煮熟した後、ほぐし又はほぐさないで、（缶または瓶に）詰めたものをいう」と定義されています。

　そのため、コンビーフは私たちが目にする物になっているのです。野球のナイター（英語ではナイトゲーム）のような和製英語ならぬ和製洋食品というようなものです。

　ランチョンミートは沖縄の郷土食のようになっていますが、スパムとも呼ばれます。別名をソーセージミートということでもわかるように、ランチョンミート（スパム）の本質はソーセージです。豚肉や羊肉のミンチに調味料、香料を加え、缶詰にします。それを加熱して完成です。

第3章

魚介類は高タンパク、低カロリー、低脂肪の健康食材

魚類の種類と特徴を知ろう！

―― サケの身はホントは「白」だった？

　島国として周囲を海に囲まれた日本は食材としての魚介類に恵まれています。それだけに多くの**魚介類**（介とは貝、エビ、カニなどのこと）を巧みに調理して美しく美味しい日本独自の和食文化をつくり上げました。

　多くの魚介類が食用になりますが、特に魚類の場合はほとんどすべてが食用になるといってよいでしょう。魚類の種類は多く、その分類法もたくさんあります。サンマやマグロのように海洋を泳ぎ回る回遊魚、ヒラメやクエのように一か所に留まる根魚（読み方は「ねぎょ、ねうお、ねざかな」といろいろ）、深海に棲む深海魚等の分類は一般的ですが、食材としての分類には**赤身魚**、**白身魚**という分類があります。

　一般にタイやヒラメなどのように身の色が白い魚を白身魚、マグロやカツオなどのように身の色が赤い魚を赤身魚といいます。このような<u>魚の身の色は筋肉の構造の違い</u>に基づくものです。魚の筋肉は、短い筋繊維がコラーゲンでできた結合組織（筋隔）によって層状に繋がってできています。筋肉には瞬発力を司る白筋繊維（白筋）と持続的な運動を司る赤筋繊維（赤筋）があります。

　マグロのように休みなく高速で泳ぎ続ける魚は赤筋の比率が高く

なり、そのために身が赤くなるのです。さらに、泳ぎ続けるためには酸素の持続的な供給が必要であり、そのためには酸素運搬を行なうタンパク質であるミオグロビンが必要ですが、これがまたヘモグロビンと同様に赤い色をしています。そのために、回遊魚の身はさらに赤くなるというわけです。

赤身魚のもう一つの特徴は、健康によいといわれる ω-3 脂肪酸や、頭にもよいといわれる EPA（IPA）と DHA のような脂肪酸を多く含むことです。これらの脂肪酸に関しては次章の「油脂の科学」で詳しく見ることにします。

なお、回遊魚は背が青いので青魚と呼ばれることもあります。一般に「青魚」というと、サバ、イワシ、サンマなど小型の大衆魚を指すことが多いのですが、マグロやブリなどの大型種も含まれます。ただし、マグロなどはあまり青魚と呼ぶことはありません。

　回遊魚には、次のようなものがあります。

○マグロ：マグロは最も大型の回遊魚ですが、ホンマグロ、キハダマグロ、メバチマグロ、ビンナガマグロなどいろいろの種類があります。本マグロは資源の枯渇が問題になっており、最近では養殖も盛んになっています。

○カツオ：刺身、身の表面を炙ったタタキ、あるいは鰹節の原料としてなじみの魚です。

○サバ：昔から日本人が食べ続けてきた魚ですが、最近栄養の面からサバの缶詰が見直され、スーパーなどで品切れが続くこともあるなど盛況のようです。それによる資源不足が心配されています。

○**サンマ**：最近は外国の漁船団が沖合で大量に獲るため、近海で獲る日本の漁獲高が減少傾向にあります。

○**イワシ**：ニシンイワシ、マイワシ、カタクチイワシ、ウルメイワシなど多くの種類があります。養殖魚のエサとしても欠かせません。昔は農業の肥料としても利用されました。

　回遊魚に対してヒラメやオコゼのように海底に潜み、目の前に小魚が来た時に瞬時に飛びかかって捕食する魚は白筋線維が多くなるので身は白くなります。一般に回遊する性質のない淡水魚は白身魚ばかりです。

　サケやマスは赤い身で知られていますが、これらの魚は白身魚に分類されます。というのは、サケやマスの身が赤いのは、赤筋やミオグロビンのせいではなく、餌としている甲殻類から得た**アスタキサンチン**という色素を蓄積したことによるものにすぎないからです。実際、養殖のサケに与える餌にアスタキサンチンを添加しないと、白身のサケに成長します。

　白身魚は赤筋に比べて白筋の比率が高いので、**コラーゲン**を多く

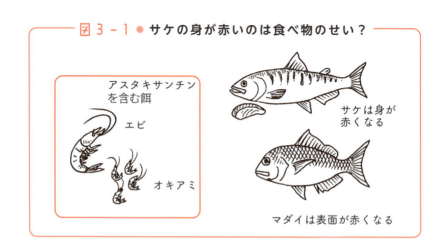

図 3 - 1 ● サケの身が赤いのは食べ物のせい？

アスタキサンチンを含む餌
エビ
オキアミ
サケは身が赤くなる
マダイは表面が赤くなる

含みます。コラーゲンは煮ると融けてしまうので、一般に白身魚は煮崩れを起こしやすいといえます。それどころか、冷凍した白身魚を解凍したときに、酵素の働きで細胞膜が壊れ、身が融けてしまうこともあるといいます。

　一般に、白身魚は赤身魚より脂肪の量が少なく低カロリーで、味が薄いといえます。そのため、白身魚の風味は淡白といわれますが、海水魚と淡水魚では異なります。おおむね、海水域の白身魚の方が淡白ですが、**海岸に近い場所で獲れた魚は藻類などからつくられるブロモフェノールと呼ばれる臭素化合物を含み、いわゆる「磯の香り」を持つ**ことがあります。

　それに対してクロダイやスズキなど淡水域、汽水域の魚は泥臭さなどの臭みが感じられることがあります。また、海水魚に比べて鮮度の劣化が風味に出にくい特徴があります。

　白身魚、淡水魚の主なものは次のようなものです。

○**タイ**：日本人にとっては魚の王様としてあまりに有名です。最近では養殖が盛んになり、価格も一般魚並みに下がっています。

○**ヒラメ**：刺身、焼き物、煮付け、干物などあらゆる料理に向きます。

○**キス**：小型の細長い魚です。刺身やお吸い物、あるいは天ぷらなどでよく知られた魚です。

○**クエ**：体長1mを超す大型の高級魚として知られ、最近では養殖も行なわれています。刺身、鍋、煮付けに用いられます。

○**フグ**：毒を持つ魚ですが、毒を持たない種類もあり、また毒を持っていても毒の無い部位を選んで食べることもできるなど、扱いの難しい魚です。素人料理は断じて避けるべきです。

○**アユ**：初夏の風物詩として知られる魚です。一年魚で、毎年稚魚が河川に放流され、友釣りの対象として釣り人に喜ばれます。

○**コイ**：川魚の王として君臨します。大きくなると1m近くになります。最近は外国から入ったコイが多くなり、日本古来の種類は少なくなったといいます。味噌汁のコイコク、甘露煮、刺身のアライなどに用いられます。

○**ウナギ**：日本人になじみの魚ですが最近は少なくなり、もっぱら養殖です。しかしそれでも稚魚が少なくなり、ピンチに直面しています。産卵から始める完全養殖に期待が向けられますが、まだ実用段階には至っていません。

　最近需要が増えているものに深海魚があります。一般に200mより深い海に棲む魚を深海魚といいますが、多くの深海魚は垂直移動をしていますので、浅い所で捕獲されるものもいます。食用魚としておなじみのものもたくさんいます。

○**キンメダイ**：赤い魚で目が大きく、脂がのって煮付けにすると美味しい魚です。

○**キンキ**：赤い筒型の魚で高級魚です。煮付けにします。

○**アンコウ**：大型の魚で、鍋料理が有名です。肝が美味しいです。

○**メヒカリ**：体長10cmほどでオキハゼとも呼ばれます。から揚げに向いています。

○**ニギス**：キスに似ていますが、キスほど上品な外見ではありません。すり身にして味噌汁にすると最高です。

　この他、魚ではありませんが、タラバガニ、ズワイガニなどのカニ類の多く、また水ダコ、ホタルイカなども深海に棲む生物です。

貝にはどんな種類と特徴がある？

―― 貝の旨味は「お酒」と同じコハク酸

　水中から捕獲される天然食品は、魚に限りません。イカやタコ、貝類などの軟体動物、爬虫類、両生類もあります。

　貝は重要な海産食品です。貝にはアサリやハマグリなどの二枚貝とサザエやツブ貝などの巻貝があります。貝類には独特の旨味がありますが、それは日本酒の旨さの素と同じコハク酸によるものといわれています。

図3-2 ● 琥珀の乾留で見つかったのが「コハク酸」

貝の旨味はコハク酸

　獲ったばかりの二枚貝は砂を含んでいるので、海水濃度（3％）程度の塩水に数時間浸けて砂出しをする必要があります。主な二枚貝として、次のようなものがあります。

　○**ハマグリ**：大型で焼き貝、吸い物などに用います。
　○**ホタテ**：大型で扁平な形であり、刺身、焼き貝、炊き込みご飯

に用います。

○**シジミ**：小型でみそ汁の具に最適です。

○**カキ**：生食、カキフライ、焼き貝などに用います。

二枚貝に対し、巻貝のほうは螺旋形の殻に入った貝のことをいいますが、アワビのように、平たいものもあります。らせんの回転方向は種によって決まっており、台風の渦の目と違って地球の自転にはなんの関係もありません。

○**アワビ**：高級貝で刺身、ステーキなどに向きます。

○**ツブ貝**：独特の旨味を持ち、刺身や薄味で煮て食べます。

○**サザエ**：固く閉じた蓋をあけるのは大変ですが、金づちなどを使って割るのが便利です。刺身、壺焼きに用います。

貝類以外の軟体動物の代表は、イカとタコでしょう。いか焼き、たこ焼きとお祭りの出店の主役です。イカやタコは脂肪分が少なく、高タンパク低カロリーの優れた食品といえます。

イカには小型のホタルイカから大型のソデイカ（地域によってタルイカ、ベニイカ、カンノンイカともいう）、ダイオウイカまで各種あります。ホタルイカは生物発光で有名です。ダイオウイカは深海に棲むイカで、最大の物は触腕を含めた全長18mの物が記録に残っているそうです。

最も漁獲量の多いスルメイカは刺身の他、煮ても焼いても美味しいです。開いて乾燥したものはスルメと呼ばれますが、<u>スルメの表面に付着した白い粉はタンパク質の一種であるタウリンが結晶化した物</u>です。

タコの体のほとんどは筋肉であり、体の中で固い部分は眼球の間に存在する脳を包む軟骨とクチバシだけです。そのため非常に狭い空間を通り抜けることができ、水族館で飼育する場合は逃走対策が必要といいます。

　タコは高い知能を持っており、最も賢い無脊椎動物であるといわれることもあります。密閉されたネジ蓋式のガラスびんに入った餌を視覚で認識し、蓋をねじって餌を取ることができるといいます。身を守るために、保護色に変色し、地形に合わせて体形を変えます。そしてその色や形を 2 年ほど記憶できることが知られています。

　タコは味がよく、よいだしもとれるので刺身の他、煮物、炊き込みご飯などに利用されます。

　ナマコは無脊椎動物としては大きく生育する方で、最大級のナマコであるクレナイオオイカリナマコは体長 4.5m、直径 10cm に達します。しかし日本周辺の海域に棲み、食用にされるのは体長 20cm ほどのマナマコです。体色によって黒ナマコ、赤ナマコ、青ナマコに分けられますが、赤ナマコが最上とされます。

　<u>腸などの内蔵の塩辛はコノワタ、卵巣をイチョウの葉の形に成形して乾燥したものはクチコ</u>と呼ばれ、共に珍味として知られます。内臓を除いて乾燥したものはイリコと呼ばれ、水で戻した後、内部に他の食材を詰めて煮物として供されます。

甲殻類の食材としての特徴は？

―― キチン質で免疫力を高め、自然治癒力を強化する

食用にする甲殻類の種類は多くないですが、エビ、カニなどの食卓を彩る重要な食材が入っています。

エビには桜エビのように小さいものから、イセエビ、ロブスターのような大型の物まで各種あります。**エビの身の30％はタンパク質で残りは水分、つまり脂質や糖分はほぼ0％**です。高タンパクの鏡のような食品です。

エビの殻にはカルシウムやビタミンEなどの栄養素が豊富ですが、注目すべきはキチンやキトサンといった、**キチン質**です。**キチン質には、体内の免疫力を高めて自然治癒力を強化する働きがあり、血圧降下、血中コレステロールの減少などの効果**があるといいます。

イセエビは日本近海で獲れる最大のエビで、正月の縁起物として喜ばれます。クルマエビは体の表面に横縞があり、体を丸めるとその横縞がクルマのスポークのように見えることから名付けられました。天ぷら種です。アマエビは甘い味がすることから名付けられました。オキアミは桜エビに似ていることから、サクラエビが不漁のときには代用されるようです。

最近はアジア各地で各種のエビが養殖され、安価で輸入されるようになり、家庭でのエビ料理の機会が増えたようです。

カニの栄養面はエビとほぼ同じと考えてよいでしょう。タラバガニはタカアシガニに次いで大型のカニです。

　一般に、**カニの脚の数は 10 本とされていますが、なぜかタラバガニ、毛ガニはハサミを入れても 8 本しかありません**。このため、タラバガニや毛ガニは生物学的にはカニではなく、「やどかりの仲間」とされています。

　ズワイガニは日本近海で一般的なカニです。お腹の白いホンズワイと赤いベニズワイがありますが、食味は前者が上です。ホンズワイは獲れる地域によって松葉ガニ、越前ガニなどとブランド化されています。

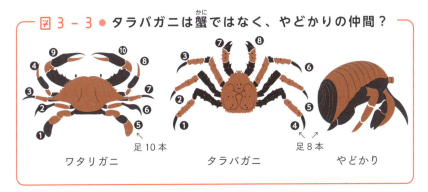

図 3-3 ● タラバガニは蟹（かに）ではなく、やどかりの仲間？

　毛ガニは主に北部日本で獲れる、全身に短い毛の生えたカニです。夏でも捕獲できるため、カニの少ない時期に重宝されます。ワタリガニは脚に身が無いので、甲羅の内部の身肉と赤く濃厚な内子を賞味するカニです。

　モクズガニは淡水産のカニで甲羅周囲や脚に毛が生えています。中国の上海ガニの近縁であり、食味はよいとされます。

3-4 美容強壮にスッポン？

——コラーゲンが豊富で生き血も飲む？

　スッポンはカメの一種で、甲羅が角質化されていなく、やわらかいのが特徴です。甲羅にはコラーゲンが豊富なことから、美容強壮によいとされます。生き血を日本酒で割って飲むことがあります。

　カエルの腿(もも)をから揚げにした物を田鴨(たがも)と称して食べることがあります。夏の田園に牛のような声で鳴く**ウシガエル**は戦前に食用として輸入されたものが野生化したものです。

　最近は少なくなりましたが、日本には昆虫を食べる文化もありました。1960年くらいまでは田んぼに夥(おびただ)しい量のイナゴがいました。これを捕まえて、跳び脚と羽をむしったものを醤油と砂糖で煮るのです。長野県では蜂の幼虫を佃煮状にして食べるほか、以前はカイコの蛹(さなぎ)も食用とされました。

　昆虫食は、世界ではそれほど珍しいものではありません。**昆虫は「高タンパク・低カロリー・低脂肪」の優れた食品**といいます。現在知られている生物160万種のうち110万種は昆虫です。しかも、世界中にいるアリの総重量は人類の総重量より重いという試算もあります。

　昆虫を食べるようになれば、人類の食糧危機は遥か未来に遠のくかもしれません。

3-5 魚介類の栄養価は？

―― サカナは高タンパク・低カロリーの健康食品

　魚介類のカロリーや栄養成分を次ページの表にまとめました。赤身と白身で比べて、大きな違いはないようです。前章で見た肉類と比べて、顕著に異なるのはカロリーです。牛肉や豚肉では 400、500kcal がザラでしたが、魚介類では 100kcal 台、100kcal 以下もたくさんあります。脂肪、特に飽和脂肪酸も少なくなっています。全脂質から飽和脂肪酸を除いたものが**不飽和脂肪酸**であり、**健康や頭脳によいとされる ω(オメガ) 脂肪酸や EPA、DHA は不飽和脂肪酸の成分**です。それに対してタンパク質の量は肉に比べて遜色ありません。ですから、魚介類は一般に高タンパク、低カロリー、低脂肪の健康食品といえるでしょう。しかし、コレステロールの量は肉に比べて目立って少ない、ということはないようです。

　次ページの表によると、日常的に食べる物ではありませんが、ウナギのコレステロール量は全食品中、イカと並んで高いです。それに対してアユは低カロリー、低脂肪、高タンパクであり、さすが渓流をスマートに泳ぐ魚といいたくなります。

　貝類は脂肪、コレステロールとも低くなっています。貝には**タウリン**というアミノ酸が多く含まれています。タウリンは主に肝臓に対して次のような効果があるといわれます。

○胆汁酸の分泌を促成し、肝臓の働きを促す作用

○肝細胞の再生促進作用

○細胞膜安定化作用

アサリのバター焼きや、シジミの味噌汁は健康によいでしょう。

図3-4 ● 魚介類の栄養価

100g あたり

		カロリー	水分	タンパク質	全脂質	飽和脂肪酸	コレステロール	食塩相当量
		kcal	g	g	g	g	mg	g
赤	アジ	126	75.1	19.7	4.5	1.10	68	0.3
	イワシ	136	71.7	21.3	4.8	1.39	60	0.2
	マグロ	125	70.4	26.4	1.4	0.25	50	0.1
白	タイ	142	72.2	20.6	5.8	1.47	65	0.1
	ヒラメ	103	76.8	20.0	2.0	0.43	55	0.1
	サケ	204	66.0	19.6	12.8	2.30	60	0.1
川	ウナギ	255	62.1	17.1	19.3	4.12	230	0.2
	アユ	100	77.7	18.3	2.4	0.65	83	0.2
	コイ	171	71.0	17.7	10.2	2.03	86	0.1
	アサリ	30	90.3	6.0	0.3	0.02	40	2.2
	カキ	70	85.0	6.9	2.2	0.41	38	1.2
	ホタテ（柱）	88	78.4	16.9	0.3	0.03	35	0.3
	甘エビ	98	78.2	19.8	1.5	0.17	130	0.8
	ずわいガニ	63	84.0	13.9	0.4	0.03	44	0.8
	するめイカ	83	80.2	17.9	0.8	0.11	250	0.5
	タコ	76	81.1	16.4	0.7	0.07	150	0.7
	イクラ	272	48.4	32.6	15.6	2.42	480	2.3
	タラコ	140	65.2	24.0	4.7	0.71	350	4.6

日本食品標準成分表（7訂）より

エビ、カニ類は低カロリー、高タンパク、低脂肪であり、鶏肉と似ています。目立つのはイカ、タコのコレステロールです。イカやタコにも貝に負けないくらいのタウリンが含まれます。しかし、スルメの表面に付着している白い粉はタウリンが結晶化した物です。同じような白い粉でも干し柿に付着している粉はタウリンではなく、グルコース（ブドウ糖）の結晶です。

コレステロール量で、イクラの 480、タラコの 350 は他に例を見ません。しかし、タンパク質量も多いですから、タンパク質量とコレステロール量の比を比べれば、それほどスゴイということもないかもしれません。

しょくひんの窓

スジコ、ハラコ、イクラの違いは？

「スジコ、ハラコ、イクラ」は、いずれも鮭の卵の呼び方の違いです。

「ハラコ」は「**腹仔**」から来た言葉で、原理的には体内にある卵はすべてハラコになります。「**筋子**」は鮭のハラコのうち、卵膜に包まれた状態の物を指します。しかし、一般に筋子というと、卵膜に包まれた物を塩蔵した物をいいます。そのため、最近では塩蔵していない筋子は特に「生筋子」というようです。

「**イクラ**」はロシア語（ikra）から来たもので、卵膜を除いた魚卵を塩漬けにした物を指します。典型はキャビアです。しかし日本では、卵膜を除いて一粒ずつバラバラにした鮭の卵を指すことが多くなっています。ですから、イクラの醤油漬けのような商品が出ることになるわけです。

3-6 魚介類を保存した食品

――腐らせないための知恵が「旨味、殺菌作用」を

　魚類は獲れるときにはたくさん獲れますが、獲れないときにはまったくの不漁です。そのうえ、魚類は腐敗しやすいという欠点があります。そこで、いろいろの保存を兼ねていろいろの魚介類加工食品が開発されてきました。

　カマボコ、チクワ、ハンペンなどは一般に**練り物**といわれます。それは魚肉とデンプンを練り合わせ、その後に茹でる、焼くなどの加熱をしているからです。

　練り物は魚肉の内臓などの腐敗しやすい部分を除去していること、加熱していることによって、貯蔵性は鮮魚に比べて格段に向上しています。最近見直されている魚肉ソーセージもカマボコの一種としてよいでしょう。

　鮮魚を腐敗から守る最も手っ取り早い方法は、塩漬け（塩蔵：えんぞう）にすることです。

　塩蔵は魚肉から水分を除くことによって細菌の増殖を困難にし、さらに細菌そのものからも脱水して殺菌します。

　鮭の新巻（荒巻）は有名ですが、魚に塩を擦りつける、あるいは塩に埋める、あるいは塩水に漬けるという方法です。このようにして長期間保存すると空気中の乳酸菌が繁殖して乳酸発酵が起き、独

特の風味が出ます。新巻きジャケの味は生鮭の味に塩の塩味を足しただけの味ではありません。発酵食品の味です。

イカの生身を短冊形に切って肝臓と一緒に塩漬けしたものはイカの塩辛と呼ばれ、口の部分を乾燥したものはトンビと呼ばれ、共に酒の肴として喜ばれます。九州地方ではカニのシオマネキをすりつぶして塩辛にした、がん漬けが有名です。

乾燥は魚肉、細菌両方から水分を奪います。また天日乾燥の場合には太陽光に含まれる紫外線による殺菌効果も期待できます。特に<u>塩水にくぐらした魚を天日で乾燥すると、紫外線による殺菌効果と脱水による防菌効果があいまって腐りやすい魚を長期保存</u>することができます。

スルメや煮干し、鰹節などがよい例です。クサヤの干物は独特の匂いがあって好き嫌いが分かれますが、あの匂いは魚を漬ける塩水に残った魚の残渣が乳酸発酵したせいで発するものです。

最近は数少ない伝統料理になりましたが、生魚と飯、麹を一緒に漬け込む飯鮨も保存食の一種ということができるでしょう。飯鮨では乳酸菌による乳酸発酵が起き、発酵による味の向上とともに乳酸という酸による腐敗菌の増殖阻止が行なわれています。

ただし、飯鮨の作製環境は酸素の少ない嫌気性環境であり、そのような環境を好む嫌気菌であるボツリヌス菌が増殖する可能性があるので、作成と摂食には万全の注意が必要です。

佃煮は小魚を醤油と飴、砂糖で甘辛く煮詰めた物です。東京の佃島でつくられたのでこの名前が付いたといわれます。これも醤油の塩による塩蔵と、糖分による脱水によって貯蔵する物です。似た食品である時雨煮は佃煮に生姜を加えたものです。

しょくひんの窓

オドリグイで勇気を示す？

　生きた動物をそのまま口に放り込んで食べるのを**踊り食い**といいます。よく行なわれるのがシラウオなどですが、ツウになるとサンショウウオなども食べるそうです。動いている状態のタコの脚を食べるのもその一種といえそうです。

　昔の中国では蜂蜜で育てたシロネズミの赤ちゃんをそのまま食べる文化があったそうです。明治時代に清国を訪れた乃木希典将軍がその料理を出され、勇気を見せるために眼をつぶって飲みこんだという話がありました。

3–7 魚介類には「身に毒」の物が多い！

――弱い毒でも「量」が多ければ強毒と同じ

　体に毒を持つ哺乳類は、カモノハシやトガリネズミなど極めて少数しかいません。哺乳類だけでなく鳥類の場合も、先に見たニュージーランドの3種だけです。唾液に毒を持つヘビはたくさんいますが、肉そのものに毒を持つヘビはいません。亀やトカゲで肉に毒を持つ物もいません。

　ところが、魚介類には肉に毒を持つ種類がたくさんいます。

　物質には有毒の物と無毒の物があります。猛毒でもほんの少しなら害は少なくて済みますが、弱い毒でも大量に摂取すれば害は大きくなります。大量の水を飲んで水中毒で命を落とした人もいます。

　ギリシアには「**量が毒を成す**」（大量に摂ればどんなものでも毒になる）という諺があります。下の表は「どれだけ飲めば命を落

図 3–5 ● 人に対する経口致死量

無　　　毒	15gより多量
僅　　　少	5～15g
比較的強力	0.5～5g
非常に強力	50～500mg
猛　　　毒	5～50mg
超　猛　毒	5mgより少量

体重1kgあたり

とすか」という経口致死量と毒の強弱の関係を表したものです。

　毒の強弱を統計的に正確に表した量に、次の半数致死量 LD_{50} があります。これはたとえば 100 匹の検体（マウスなど）に毒を少量ずつ飲ませていきます。少量の間は死ぬマウスはいませんが、ある量に達すると 50 匹が死にます。このときの毒の重量のことを LD_{50} というのです。

　LD_{50} は体重 1kg 当たりで示されますから、体重 70kg の人は LD_{50} を 70 倍して考える必要があります。また、毒の感受性は動物によって違いますから、マウスの例がそっくりそのまま人間に適用できるものではありません。あくまでも参考値です。

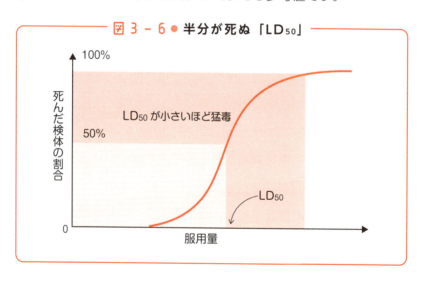

図 3 - 6 ● 半分が死ぬ「LD_{50}」

　次ページの表はいくつかの毒物を LD_{50} の順で並べた毒をランキング化したものです。上にある物ほど猛毒です。タバコに含まれるニコチンは猛毒で知られる青酸カリ（正式名シアン化カリウム）KCN より強毒なことは要注意です。

　毒を持つ魚の代表はフグです。テトロドトキシンという猛毒を持

ちます。しかしハコフグやシロサバフグは毒を持たないのに、キタ
マクラは全身に毒を持つというように、毒の有無、その場所はフグ
によって異なるので面倒です。

　食味のよいトラフグは肝臓、卵巣、血液以外は無毒なので、これ
らの部分を廃棄すれば食用となります。有毒部分を廃棄するために
は技術が必要であり、そのためにフグの調理師免許が用意されてい
ますが、これの運用は県の条例で定められており、実技試験を課す

図 3 - 7 ● 毒の強さをランキング化すると

順位	毒の名前	致死量LD$_{50}$ (μg/kg)	由来
1	ボツリヌストキシン	0.0003	●微生物
2	破傷風トキシン（テタヌストキシン）	0.002	●微生物
3	リシン	0.1	●植物（トウゴマ）
4	パリトキシン	0.5	●微生物
5	バトラコトキシン	2	●動物（ヤドクガエル）
6	テトロドトキシン（TTX）	10	●動物（フグ）/微生物
7	VX	15	●化学合成
8	ダイオキシン	22	●化学合成
9	d-ツボクラリン（d-Tc）	30	●植物（クラーレ）
10	ウミヘビ毒	100	●動物（ウミヘビ）
11	アコニチン	120	●植物（トリカブト）
12	アマニチン	400	●微生物（キノコ）
13	サリン	420	●化学合成
14	コブラ毒	500	●動物（コブラ）
15	フィゾスチグミン	640	●植物（カラバル豆）
16	ストリキニーネ	960	●植物（馬銭子）
17	ヒ素（As$_2$O$_3$）	1,430	●鉱物
18	ニコチン	7,000	●植物（タバコ）
19	青酸カリウム	10,000	●KCN
20	ショウコウ	29,000（LD$_0$）	●鉱物　Hg$_2$Cl$_2$
21	酢酸タリウム	35,200	●鉱物　CH$_3$CO$_2$Tl

『図解雑学　毒の科学』船山信次（ナツメ社、2003年）を一部改変

県もあれば、講習会出席で OK という県もあるようです。

　フグの毒はフグが自分の体内で合成するのではありません。餌とするボウシュウボラ等の貝類に含まれる毒を体内に蓄積したものです。ボウシュウボラも自分で毒をつくるのではなく、餌のプランクトンに含まれる毒を蓄積しています。ということで、最初に毒を持つのは「藻類」の一種とされています。つまり食物連鎖です。

　毒物を溜め込んだ餌を食べる機会のない養殖フグには毒が無いといわれるのはそのためです。

　ところが無毒の養殖フグと有毒の天然フグを同じ水槽で飼育すると養殖フグが有毒化するという話もあります。天然フグはテトロドトキシンを生産する菌類を体内に宿しており、これが養殖フグに移動した可能性があるといいます。

　トラフグの卵巣は猛毒中の猛毒ですが、これを食用にする地域があります。能登半島ではフグの卵巣を半年ほど塩漬けにし、水に漬けて塩出しをした後改めてヌカ漬けするのだそうです。こうすると無毒化して食べることができるようになるのであり、金沢駅の売店で公式に販売しています。しかし、無毒化の反応機構は化学的に明らかになってはいません。

　南方のサンゴ礁に棲む魚は季節によって毒を持つことが知られています。その毒はシガトキシン、あるいはパリトキシンといわれるものです。どちらもフグ毒の数十倍という強い毒です。

　シガトキシン（神経毒）で中毒になると、ドライアイスセンセーションと呼ばれる特有の症状が出ます。これは冷たいものに触れると電気刺激に似た痛みを感じるというものです。重篤な場合は生命にかかわりますが、そうでなくとも症状は長引き、完全に治るのに

１年近くかかることもあるといいます。以前はこの毒を持つ魚は日本近海にはいなかったのですが、海洋温暖化のせいか、最近はイシダイの仲間にこの毒を持つものが見つかっています。

パリトキシンは砂イソギンチャクというイソギンチャクの一種が生産する毒で、それを食べた魚の体内に蓄積していることがわかりました。ブダイが持っている例が多いようです。

コイは胆のう（ニガワタ）に毒があります。よく、コイのニガワタは強精薬だといって調理の際に口に放り込む人がいますが、これは危険な行為です。中国では 1970 ～ 75 年の間にコイ科魚類の胆のうによる食中毒が 82 件発生し、死者 21 人を出しているといいます。

ウナギは血液に毒があります。命を脅かすほどの毒ではありませんが、ウナギを捌く職人さんが手に傷をつけ、そこからウナギの血液が入ると強く痛むといいます。ただしウナギの毒はタンパク毒ですので、60℃ほどに過熱すると熱変性によって無毒になるとされていますから、ふつうに食べる分には問題ありません。

魚の中には、身に毒は無いものの、鰭や棘に毒を持つものがあります。このような魚に刺されると激痛が走ります。よく知られたものに、オコゼの背びれ、エイの尻尾の付け根の棘などがあります。釣りや調理の際には注意が必要です。

貝類の中には季節によって毒を持つものがあります。一般に貝毒と呼ばれます。カキやホタテガイが有名です。貝毒の害はかなりのもので、1942 年には浜名湖沿岸でアサリによる集団食中毒が発生し、150 人にのぼる人が死亡しています。貝毒はプランクトンが

生産した毒を貝が蓄積したもので、毒の種類は何種類もあり、フグ毒のテトロドトキシンもその一種です。

最近になって日本近海に現れた厄介者に**ヒョウモンダコ**がいます。体長10cmほどの小型のタコですが、性質は凶暴で、怒ると体に豹のような輪状の青い模様（豹紋）が現れ、ヒトにかみつきます。

唾液にはフグ毒が含まれるので、噛まれた人は最悪の場合、死に至ります。もちろん、食べることはできません。

しょくひんの窓

毒と薬はさじ加減

　毒は「命を奪う恐い物」、薬は「命の救世主」と思いがちですが、毒と薬は同じ物です。以前、かぜ薬を用いた殺人事件が話題になりましたし、トリカブト（猛毒の毒草）は心臓の漢方薬にもなります。

　ということで、現在、世界中で毒物探しが行なわれています。かつての抗生物質探しのようなものです。その中で注目されているのがタカラガイの一種、イモガイです。イモガイの種類は500種にのぼるといいますが、すべてが肉食で獲物を仕留めるのに毒を使います。中でも強力なのはアンボイナガイです。1個で30人を殺す毒があるといい、沖縄ではハブガイと呼ばれて恐れられます。

　イモガイに含まれる毒は1種ではなく、100種を超えるともいわれます。その中の1種であるジコノタイドはモルヒネの1000倍もの鎮痛作用があるとされ、アメリカでは医薬品として承認されています。

　将来、アルツハイマー、テンカン、パーキンソン病など難病といわれる疾患の特効薬が見つかることがあるでしょうか。

魚介類の食中毒のしくみ

―― バイキンには 2 種類あることを知っておこう

　魚介類で注意しなければならないのは細菌による腐敗とそのために起こる食中毒です。一般に**バイキン**（黴菌）によって食中毒が起こるといいますが、バイキンには 2 種類あります。微生物とウイルスです。生物と呼ばれるためには細胞構造を持っていることが必要ですが、ウイルスは細胞構造を持っていません。タンパク質でできた容器の中に核酸の DNA が入っているだけです。したがってウイルスは生物ではありません。

　生物でないウイルスは自分で食品に入ってその中で増殖することはできず、食品の中でじっとチャンスを待っています。ウイルスが増殖できるのは人間の体に入ってからのことです。それに対して細菌は食品中で増殖し、種類によっては食品中に毒素をまき散らします。

　主な細菌とウイルスの種類を次ページの表にまとめました。食中毒を起こす細菌は 2 種類に分けることができます。

　①細菌自身が人間の体内に入ってから悪さをするもの

　②食品中で毒物を生産し、食品を汚染するもの

の二つです。

　細菌といえども生物ですから、加熱、殺菌をすれば除去できます。

つまり、①のタイプの細菌は食品を加熱すれば死んでしまうので食中毒を防ぐことができます。

　ところが、②のタイプは自身が死ぬ前に毒を出します。毒は化学物質ですから、多くの場合、調理で使う温度くらいではびくともしません。毒のままです。

図3-8● バイキンの種類

	種類	病因物質	感染源	原因となった食品等
細菌	感染型	サルモネラ菌	畜肉、鶏肉、鶏卵	卵加工品、食肉など
		腸炎ビブリオ菌	生鮮魚介類	刺身、すし、弁当など
		毒素型	豚肉、鶏肉	鶏肉、飲料水など
	毒素型	葡萄球菌	指先の化膿	シュークリーム、おにぎりなど
		ボツリヌス菌	土壌、動物の腸管、魚介類	
	生体内毒素型	病原大腸菌	人・動物の腸管	飲料水、サラダなど
ウイルス		ノロウイルスなど		貝類
		B型肝炎ウイルス		
		E型肝炎ウイルス		

　主な食中毒細菌は次のようなものです。

○**ボツリヌス菌**：前節のランキング表で見るように、最強の毒素を出します。しかしこの毒素はタンパク毒ですから80℃で30分加熱すれば無毒になります。ところが、菌自体は熱に強く、芽胞という休眠状態をとることがあります。こうなると、さらに120℃で4分以上加熱しなければ失活しません。料理の温

度で失活させることは不可能です。ボツリヌス菌は嫌気性ですから、缶詰や漬物など空気の無い所で増殖しますが、蜂蜜の中にいることがあり、そのため、乳幼児には蜂蜜を与えないように、との注意が出ています。

○**サルモネラ菌**：動物の腸内をはじめ、下水、河川等至る所に存在します。鶏卵に付着していることがあるので注意が必要です。

○**腸炎ビブリオ菌**：海水中に多い細菌なので、魚介類、特に刺身の食中毒の原因になります。サルモネラ菌と並んで食中毒の多い細菌です。

○**ブドウ球菌**：人間の皮膚、粘膜、傷口などに存在します。食品に付着して増殖を始めるとエンテロトキシンという毒素を生産します。この毒素は熱に強く、100℃30分の加熱に耐えます。予防には感染を避けるしかありません。

○**病原性大腸菌**：大腸菌は人間の腸管にも生息するありふれた細菌ですが、ある種の大腸菌は人間の体内で毒素を生産し、食中毒を起こします。**O-157**が有名です。

　冬季に起こる食中毒の90%はウイルスの一種である**ノロウイルス**によるものです。ノロウイルスは1968年にアメリカ、オハイオ州ノーウォーク（Norwalk）で発生した集団食中毒で発見されたのでこのように名付けられました。ノロウイルスは人間や牛の腸の中で増殖します。

　ノロウイルスは熱にも酸にも強く、"酢の物"にしても破壊されません。有効な予防法は手を洗うことです。特に調理に携わる人は入念な手洗いが大切です。

しょくひんの窓

思わぬところに「毒」が？

　食品には不注意などによって有害物質が混じることがあります。そのような例として語られるのが缶詰です。

　1845 年、イギリスで北極海探検が計画され、総勢 129 人の探検隊が 2 隻の軍艦で出発しました。ところが 3 年経っても誰も帰還せず、その後の調査で全員死亡したことが確認されました。

　遺体を調べたところ、非常に高濃度の鉛が検出され、鉛中毒で亡くなったものと推定されました。では、どこから鉛が来たのでしょうか？　当時の最先端食料である缶詰からでした。当時は缶詰の蓋をハンダで接着していました。このハンダの中の鉛が缶詰内に溶け出したのです。

　現在の缶詰にハンダは使われていませんが、陶磁器の釉薬の中には鉛が含まれていることがあります。装飾用の器や、派手な色合いであまりに安価な陶磁器は、日常の食器として使わない方が無難でしょう。

　また、クリスタルグラスには重量で 20 〜 35％ほどの鉛が含まれています。梅酒など酸性の強いお酒はクリスタルグラス製のビンに保管しない方が安全でしょう。

第4章

油脂が健全な体をつくっている！

4-1 油脂の種類と特徴を知る

―― 動物性は常温で固体（脂）、植物性は液体（油）

　ほとんどすべての食品には油が含まれています。生体に含まれる油を一般に油脂といいます。油脂のうち、常温で固体のものを脂肪、液体のものを脂肪油といいます。したがって牛や豚など哺乳類の油は脂肪が多く、植物や魚介類の油は脂肪油が多いということになります。

　油脂というと高カロリー食品でメタボの原因などと思われがちですが、とんでもありません。生物の体は細胞でできています。細胞を包む細胞膜、あるいは細胞核を包む核膜などはすべて同じ分子からできています。それはリン脂質という分子です。そしてリン脂質は油脂を原料としてつくられているのです。

　油脂が無かったら細胞ができません。筋肉が無かったら体はつくれませんが、筋肉は細胞です。つまり、油脂が無かったらそもそも筋肉がつくれないのです。

　油脂には多くの種類がありますが、大きく植物性油脂と動物性油脂に分けることができます。バターも動物性油脂ですが、バターについては第8章「ミルクと卵の科学」で見ることにします。

　動物性油脂はどの肉（動物）から採ったかによって分けることが

できます。

ラード（豚脂）は豚から採った油で、常温では白色のクリーム状です。融点は 27 〜 40℃ ですから口の中でとろける感じです。トンカツ等の揚げ物によく利用されます。ラーメンのスープには豚の背の部位の脂が背脂として用いられます。

ヘット（牛脂）は牛から採った油で、常温で白色の固体であり、融点はラードより高い 35 〜 55℃ です。人間の体温より高いので、刺身で食べるときには、脂があると口当たりが悪くなる可能性があります。ステーキやカツレツを調理するときに使うと、独特の旨味と風味が生まれます。すき焼きなどにも使われます。

チーユ（鶏油）は鶏から採った油です。固まれば淡黄色の固体ですが、融点は 30℃ 程度と低い脂です。チャーハンやラーメンに加えると味がよくなるといわれます。

魚油は常温で液体の脂肪油です。魚の種類によって性質が異なりますが、後に見る不飽和脂肪酸を含み、EPA（IPA）や DHA が多いことから、健康によいといわれています。

植物性油脂は、新鮮なうちはすべてが液体ですが、長期間放置すると酸化して固化します。植物性油脂の固化の現象を利用して顔料を固め、キャンバスに固着したのが油絵です。

植物性油脂は多くの植物から採取されるため、種類が多いのですが、わが国で食用として使われる主な種類を見てみましょう。

菜種油はアブラナの種から採ります。調理油として世界的に幅広く使われます。キャノーラ油も菜種油の一種と見ることができます。

サフラワー油（紅花油）はベニバナの種から採ります。昔は塗料

の溶剤に使われましたが、現在では調理油に使われることのほうが多い油です。

　ゴマ油は、その名前の通り、ゴマから採ります。ゴマを加熱せずに絞って採取すると、透明度が高い代わりに香りの薄い油になります。これが太白油です。しかし胡麻を加熱して、炎ってから採取すると色が濃く香りの強い油になります。ゴマ油には独特の香りがあり、江戸前の天ぷらや中華料理によく使われます。

　大豆油もその名の通り大豆から採りますが、醤油や飼料製造の副産物としても採ることができます。

　ヒマワリ油はヒマワリの種から採ります。調理の他、バイオ燃料として使われることもあります。

　綿実油は綿の花のタネから絞る油で、ツナ缶の油漬け用などに用いられます。19世紀に綿実油の生産が始まりましたが、第二次大戦後には大豆油に押され、綿実油の生産は減少しています。

　最近人気のオリーブ油はオリーブの果実から採ります。イタリア料理に欠かせません。

　パーム油は日本の食用油ではあまり聞かない名前ですが、アブラヤシの果実から採る油であり、各種の混合食用油、あるいはマーガリン、ショートニングなどに盛んに使われています。

　米油はコメの表皮についている米糠から採ります。1960年代には健康食品として愛用されましたが、某社の製品に毒物のPCBが混入したことから、摂取者に皮膚障害や肝臓障害が発生し、大きな社会問題になりました。

　一般的には、上記で挙げた物の他、サラダオイル、天ぷらオイルなど、原材料の名前の付かない油があります。これらは何種類かの

植物油脂を、各食用油脂製造会社が独自のメニューに従ってブレンドした物であり、脂の味や特性は各社によって違います。

しょくひんの窓

ヒマシ油の絞りカスは超猛毒！

食用油ではありませんが、植物油としてよく知られた物に**ヒマシ油**があります。日本では薬用として下剤として用いられ、アメリカ北部では現在も常用されています。

ヒマシ油は**トウゴマ**（唐胡麻）という高さ 10m に達する植物のタネから採られます。植物性油脂としては粘度、比重ともに最大であり、そのうえ流動性が高いので各種工業用として用いられます。そのため、世界中では年に 130 万トンも生産されています。

問題は、その搾りカスです。トウゴマのタネにはリシンという猛毒が含まれます。その毒性は第 3 章 7 節で示した毒のランキング表で第 3 位に輝いているほどです。ヒマシ油の搾りカスにはリシンが含まれている可能性があります。しかし、リシンはタンパク毒であり、ヒマシ油を採るときにはトウゴマの種子を加熱して炙って採るので、リシンは熱変性して毒性を失っていることになります。

しかし、薬用のヒマシ油には「妊娠中の女性は用いないように」というような注意書きがあるようですので、用心したほうがよいでしょう。

油脂を科学の目で見ると

―― すべての油脂は体内でグリセリンをつくる

　タンパク質、糖類、核酸など、生命体にとって重要な物質は、簡単な構造の単位分子が何百個、何千個も繋がった長い分子、つまり天然高分子でできていますが、<u>油脂はふつうの小さい分子</u>です。しかし、油脂の一種であるリン脂質は何億個も集まって膜状となり、細胞膜をつくっています。

　油脂は下の図に示したように、基本的にすべて同じ分子構造をしています。図の化学式のうち、原子団 OH（ヒドロキシ基という置換基）を持った物は一般にアルコール類と呼ばれます。一方、原子団 COOH（カルボキシル基）を持った物はカルボン酸、有機酸、脂肪酸などと呼ばれ、要するに酸の性質を持ちます。

図 4 - 1 ● 油脂は同じ分子構造をしている

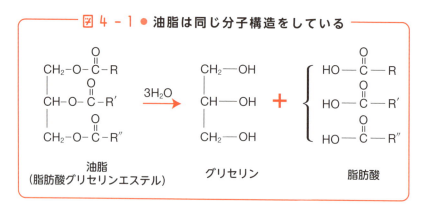

油脂というのは、１分子のアルコール、グリセリン（グリセロールともいいます）と、３分子の脂肪酸が水を放出して結合した（脱水縮合）ものです。脂肪酸の分子式を見ると「R」という記号がありますが、これは適当な原子集団を表す記号です。Rにダッシュ「′」が付いているのは、それぞれが「違っている可能性がある」ことを示すものです。

　一般にアルコールとカルボン酸が脱水縮合したものを**エステル**といいます。つまり、油脂はエステルの一種ということです。

図4-2 ● アルコールとカルボン酸からエステルが生まれる

$$R-O-H \; + \; H-O-\overset{\overset{\displaystyle O}{\|}}{C}-R \; \longrightarrow \; R-O-\overset{\overset{\displaystyle O}{\|}}{C}-R \; + \; H_2O$$

アルコール　　　　　　　　　　　　　　　　　エステル　　水
　　　　　　　　　　脱水縮合反応
　　　　　　　　　　（エステル化）

　したがって、どのような油脂であれ、胃の中に入って胃酸に含まれる塩酸 HCl で加水分解されれば、１分子のグリセリンと３分子の脂肪酸に分解されることになります。

　ラードであれ、ゴマ油であれ、どのような油脂であっても、グリセリン部分はすべて同じです。**すべての油脂は体内に入れば分解してグリセリンを生じる**のです。

　このグリセリンに硝酸 HNO_3 を作用すると、ニトログリセリンになります。ニトログリセリンは激しい爆発性を持ち、ダイナマイトの原料としてよく知られていますが、狭心症の特効薬としても有

名です。皆さんの中にもニトロ入りのペンダントを首に掛けておられる方もいるかもしれません。

図 4 - 3 ● グリセリンからニトロが生まれる

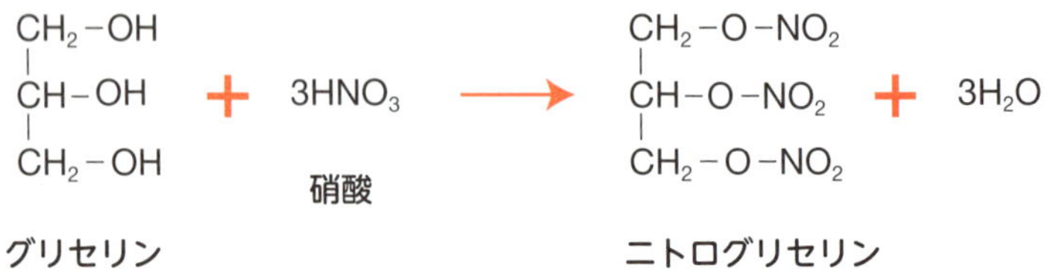

$$
\begin{array}{l}
CH_2-OH \\
CH-OH \\
CH_2-OH
\end{array}
\ + \ 3HNO_3 \ \longrightarrow \
\begin{array}{l}
CH_2-O-NO_2 \\
CH-O-NO_2 \\
CH_2-O-NO_2
\end{array}
\ + \ 3H_2O
$$

硝酸

グリセリン　　　　　　　　　　　ニトログリセリン

　先に見たように、脂肪酸には図 4 - 1 の R 部分の違いによってたくさんの種類があります。牛の脂、豚の脂、魚の脂などの違いは、このR部分の違いによるものです。脂肪酸の分類の仕方は重層的です。

　まず、高級脂肪酸と低級脂肪酸に分けられます。「高級」「低級」の区別は、品質の話ではありません。脂肪酸化学式の R 部分をつくっている炭素の数が多いか少ないかによる分類です。2 〜 4 個のものを低級脂肪酸（短鎖脂肪酸）、5 〜 12 個のものを中鎖脂肪酸、12 個以上のものを高級脂肪酸（長鎖脂肪酸）といいます。食品に含まれる脂肪酸の多くは高級脂肪酸です。

　次に R 部分の構造によって分けられます。R 部分が一重結合（飽和結合）だけでできたものを飽和脂肪酸、二重結合や三重結合（不飽和結合）を含むものを不飽和脂肪酸といいます。よく知られた脂肪酸の種類を次ページの表にまとめました。

　飽和脂肪酸からできた油脂は常温で固体の脂肪、不飽和脂肪酸を

含むものは常温で液体の脂肪油になることが多いです。哺乳類の油脂は固体の脂肪、魚や植物の油脂には液体の脂肪油が多いのは、このような理由によるものです。

図 4 － 4 ● 飽和脂肪酸、不飽和脂肪酸の種類

	飽和脂肪酸		不飽和脂肪酸		
	名称	構造式	名称	構造式	二重結合数
低級	酢酸	CH_3COOH	アクリル酸	$CH_2＝CHCOOH$	1
中級	カプロン酸	$C_5H_{11}COOH$	クロトン酸	$CH_3CH＝CHCOOH$	1
	カプリル酸	$C_7H_{15}COOH$	ソルビン酸	C_5H_7COOH	2
	カプリン酸	$C_7H_{19}COOH$	ウンデシレン酸	$C_{10}H_{19}COOH$	1
	ラウリン酸	$C_{11}H_{23}COOH$			
高級脂肪酸	ミリスチン酸	$C_{13}H_{27}COOH$	オレイン酸	$C_{17}H_{30}COOH$	1
	ステアリン酸	$C_{17}H_{35}COOH$	EPA	$C_{19}H_{30}COOH$	5
	アラキン酸	$C_{19}H_{39}COOH$	DHA	$C_{21}H_{32}COOH$	6
	セロチン酸	$C_{25}H_{51}COOH$	プロピオル酸	C_2HCOOH	＊
	ラクセル酸	$C_{31}H_{63}COOH$	ステアロール酸	$C_{18}H_{31}COOH$	＊

＊三重結合を含む

　液体の脂肪油に適当な金属を触媒にして水素を反応させると、不飽和脂肪酸の不飽和結合に水素が結合して飽和結合になり、不飽和結合の個数が減ります。この反応を一般に接触還元といいます。それに伴ってそれまで液体だった脂肪油が固体の脂肪になります。

　このようにして人工的に加工した油脂を硬化油といいます。硬化油はマーガリンやショートニング、ファットスプレッド、あるいはセッケンの原料に使われます。

油脂の栄養価は？

──コレステロールの小さな植物性油脂

　油脂はカロリーが高いことで知られます。タンパク質、デンプンなどの天然高分子や油脂などから成るすべての食品は、体内に入ると消化（加水分解）されて、高分子なら単位分子に、油脂ならグリセリンと脂肪酸などの小分子に分解されます。

　これら小分子は血液内など体内の細胞内にとり込まれ、タンパク質から成る酵素によってさらに小さな分子、すなわち、最終的には二酸化炭素 CO_2 と水 H_2O に分解され、この過程でそれぞれ所定のエネルギー、カロリーを発生します。この過程を一般に**代謝**と呼びます。

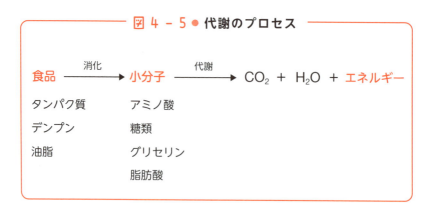

図 4-5 ● 代謝のプロセス

　この代謝の過程で発生するエネルギーは、食品によって異なりま

す。それが問題です。このエネルギーはタンパク質とデンプンでは
1g 当たり 4kcal ですが、油脂の場合にはそのほぼ 2 倍の 9 kcal
なのです。

　下の表に油脂の栄養価をまとめました。動物性であれ植物性であ
れ、油脂ですから、カロリーに違いはありません。

図 4 - 6 ● 主な油脂の栄養価

100g あたり

		カロリー	水分	タンパク質	全脂質	飽和脂肪酸	コレステロール	炭水化物	食物繊維	食塩相当量
		kcal	g	g	g	g	mg	g	g	g
動物	牛脂	940	Tr	0.2	99.8	41.05	100	0	0	0
	豚	941	0	0	100	39.29	100	0	0	0
植物	ごま油	921	0	0	100	15.04	0	0	0	0
	オリーブ	921	0	0	100	13.29	0	0	0	0
	大豆	921	0	0	100	14.87	1	0	0	0
	調合油 (サラダオイル)	921	0	0	100	10.97	2	0	0	0
	マーガリン	769	14.7	0.4	83.1	23.04	5	0.5	(0)	1.3

日本食品標準成分表〔7訂〕より　　　Tr ＝微量、(0) ＝文献等から含まれていないと推定

　しかし、他の面では両者の間に大きな違いのあることがわかりま
す。まずは**コレステロール**です。動物性のラードとヘットはともに
100mg です。それに対して植物性の油脂はどれもがほとんど
0mg です。これほど顕著な違いがあるでしょうか？

　さらに飽和脂肪酸の量です。動物性油脂ではほぼ 40mg ですが、
植物性では 10 ～ 15mg と 3 分の 1 です。

　このように<u>コレステロールや飽和脂肪酸の量を見る限り、健康食
品といえるのは植物性油脂</u>、という結論にならざるを得ないようで
す。

表には硬化油からつくったマーガリンのデータも挙げておきました。硬化油の原料は植物油ですが、接触還元（前節参照）のおかげで飽和脂肪の量が多くなっていることがわかります。それでもラードやヘットほどではありません。また、コレステロール量は植物油のままでほぼ0となっています。これだけ見ればマーガリンは優れた健康食品なのですが、後に見るように最近では**トランス脂肪酸**という問題が起き、マーガリンにも影が落ち始めています。

しょくひんの窓

油は食用だけでなかった

現代の私たちは動植物の油は食用、石油などの鉱物油は工業用と思いがちです。しかし先に見たようにヒマシ油は植物油でありながら、工業用に使われます。アブラヤシの果実から得られるパーム油は食用の他、火力発電の燃料としても用いられます。

近世のヨーロッパ、アメリカでは家庭で使うランプの燃料にクジラの油を使っていました。そのため、捕鯨が盛んだったのです。ペリーが日本に開国を迫った理由の一つは、捕鯨船団の寄港地を求めたという説があるほどです。当時日本の灯りは行燈が主体でしたが、この油はイワシなどから絞った魚油が主でした。植物油脂からつくったロウソクは高価で一般家庭で使う物ではありませんでした。

人工の油脂は体に悪い？

――トランス脂肪酸とはどういうもの？

　油脂や脂肪酸には最近いろいろの話題があります。健康油などといわれるものもその一種です。主なものを見てみましょう。

　青魚の油を食べると頭がよくなるといいます。青魚の油脂をつくっている脂肪酸の一種であるEPA（IPA）やDHAが頭をよくするのだそうです。このEPAやDHAとはどのようなものでしょうか。まずは、名前の由来です。すべての分子には名前が付いています。分子の名前はその分子を発見した人、あるいはつくった人が勝手に命名できるわけではなく、国際純正・応用化学連合（IUPAC）という国際団体が分子の命名法を厳密に定めています。すべての分子はこの命名法に従うと、ほぼ一義的に名前が決まります。そして、**名前がわかれば分子構造がわかるしくみ**になっています。

　有機化合物の命名法の基本は炭素原子の個数です。EPAとは「イコサペンタエン酸」の略です。ここでイコサは20、ペンタは5を表すギリシア語の数詞です。そしてエンは二重結合を表します。最後の「酸」は英語でacidといいます。つまり、EPAとは、「炭素数20個と、二重結合の個数5個の酸」という意味なのです。なお20は、以前はエイコサといわれました。そのためこの脂肪酸は以前はEPAと呼ばれましたが、化学関係では現在はIPAと呼びます。

しかし、調理関係では現在も EPA が使われているようです。

DHA はドコサヘキサエン酸の略です。ドコサは 22、ヘキサは 6 ですから、これは「炭素数 22 個、二重結合数は 6 個ある」ということになります。それぞれの構造式を図に示しておきました。

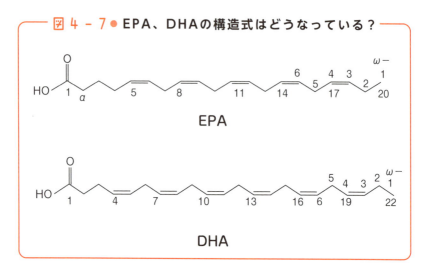

図 4-7● EPA、DHAの構造式はどうなっている？

最近、ω-3（オメガ -3）脂肪酸は体によいという話があります。**ω-3 脂肪酸**とは何でしょう？　ωはギリシア文字アルファベットの最後の文字であり、キリスト教文化圏では終りを意味します。

ω-3 脂肪酸とは、不飽和脂肪酸のうち、尻尾の炭素の端から 3 番目と 4 番目の炭素が二重結合になっているものをいいます。ですから、EPA と DHA はω-3 脂肪酸の一種でもあるということになります。

人間が生きていくためには、いろいろな種類の脂肪酸を必要とします。人は必要な脂肪酸を他の脂肪酸からつくり出すことができます。しかし、**どうしても自分ではつくり出すことのできない脂肪酸**があります。このようなものを**必須脂肪酸**といいます。

必須脂肪酸には 2 系統、6 種類があります。

＊**ω-3系統**：α-リノレン酸、EPA、DHA

＊**ω-6系統**：リノール酸、γ-リノレン酸、アラキドン酸

です。ω-6系統というのは炭素鎖の端から 6 番目と 7 番目の炭素が二重結合で結合している脂肪酸です。

しかし、α-リノレン酸があれば、人は EPA と DHA を自分でつくることができ、同様にリノール酸があれば、他のω-6脂肪酸をつくることができます。したがって狭義に考えれば、必須脂肪酸はα-リノレン酸とリノール酸ということになります。

それぞれの脂肪酸を含む油脂を含む食用油の種類と、効用を表にまとめておきました。

図 4 - 8 ● ω-3とω-6の働きを見る

	ω-3必須脂肪酸	ω-6必須脂肪酸
代表的な油	亜麻仁油、えごま油、チアシードオイル、青背の魚の脂、etc.	べにばな油、コーン油、サラダ油、マヨネーズ、etc.
主な作用	アレルギー抑制、炎症抑制、血栓抑制、血管拡張	アレルギー促進、炎症促進、血栓促進、血液を固める

ω-3脂肪酸とω-6脂肪酸とではその効用がまったく逆になっていることがわかります。このことからも、食品は多くの種類をまんべんなく食べるのが重要だといわれることの意味がよくわかります。

トランス脂肪酸が体によくないという話があります。アメリカやカナダでは、食品中に含まれるトランス脂肪酸の量を明示することを義務付けています。

では、このトランス脂肪酸とは何でしょう。トランスとは、二重結合の周りの立体構造のことをいいます。二重結合には4個の原子団（置換基）が結合することができますが、二重結合の同じ側に同じ原子団が結合したものをシス体、反対側に結合したものをトランス体といいます。脂肪酸で考えれば、<u>二重結合の同じ側に水素が結合したものがシス脂肪酸、反対側に結合したものがトランス脂肪酸</u>になります。

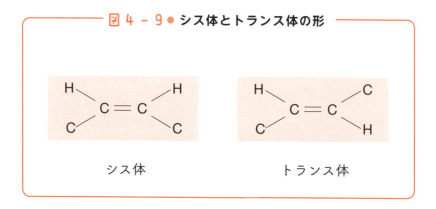

図 4 - 9 ● シス体とトランス体の形

シス体　　　　　　　　　トランス体

　図 4-7 の EPA と DHA の構造式を見てください。すべての二重結合がシス配置になっていることがわかります。このように自然界にある脂肪酸はすべてがシス体であることが知られています。

　それではトランス脂肪酸はどこから来たのでしょう？　それは硬化油から来たのです。先に硬化油は不飽和脂肪酸の二重結合に水素を結合させたものだといいました。しかし、二重結合を複数個持つ脂肪酸の場合には、接触還元してもすべての二重結合に水素が結合するわけでなく、二重結合のまま残るものがあります。このような二重結合がトランス二重結合になるのです。

　図 4-10 に二重結合を 1 個だけ含むオレイン酸を例にとって、ト

ランス体（人工）とシス体（天然）の構造を示しました。形が大きく変わっていることがわかります。つまり<u>天然品は曲がっているのに、人工品はまっすぐ</u>です。

図 4 - 10 ● 天然品は曲がっている、人工品はまっすぐ

トランス・オレイン酸（人工品）

人工品は
まっすぐ！

シス・オレイン酸（天然品）

　これは、天然品はその曲がった構造のために規則的に折り重なって結晶（固体）になることができないのに対して、真っ直ぐな構造の人工品は規則的に重なって固体になることができることを示すものです。このようなことが健康に影響しているのではないでしょうか？

　したがって、トランス脂肪酸を避けるにはマーガリン、ショートニング、ファットスプレッドなどの硬化油由来の食品を避ければよいということになります。

4–5 油脂は「ダイエットの敵」か？

――油脂のつくる「細胞膜」の大切な役割は

　食物は体内に入ると消化吸収されたのち、代謝されてエネルギーを発生します。<u>タンパク質と糖類は1g当たり約4kcalのエネルギーを発生</u>します。それに対して<u>油脂は約9kcalのエネルギーを発生</u>します。ですから、油脂は生命活動を行なうためには非常に重要なエネルギー源なのです。にもかかわらず、摂り過ぎると肥満の元になることから、近頃ではダイエットの敵として白い目で見られることがあるのは、油脂にとって気の毒なことです。

　しかし油脂が生命活動にとって重要なのはエネルギーだけではありません。<u>油脂は細胞膜の原料</u>なのです。油脂が無ければ細胞膜をつくることはできません。細胞膜が無ければ、先に見たウイルスと同じです。つまり、もはや生命体ではないのです。私たちが生命体であり続けるためには、油脂を摂取し続けることが義務付けられているのです。

　それでは、細胞膜と油脂の間には、どのような関係があるというのでしょう？　それを知るためには、「界面活性剤と分子膜」の関係、つまり「セッケン液とシャボン玉」の関係を見るのが一番です。

　先に溶解の話の中で、分子には水に溶ける親水性分子と、水を避ける疎水性分子があることを見ました。ところが、分子の中には親

水性の部分と疎水性の部分の両方を持つ物があります。これがセッケンの分子です。

下の図のように、油脂（脂肪酸）に水酸化ナトリウム NaOH を作用させると、油脂が脂肪酸ナトリウム塩となります。これが**セッケン分子**なのです。

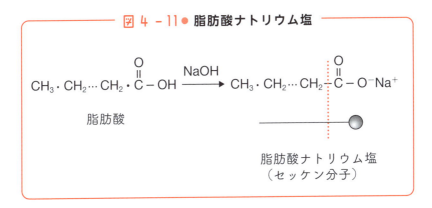

図 4 – 11 ● 脂肪酸ナトリウム塩

上のセッケン分子のうち、$CH_3・CH_2$…で表した部分があります。これは炭素鎖といって、イオン性ではないので水になじみません（疎水性という）。それに対して COO^-Na^+ の部分はイオン性なので水になじむ親水性です。

つまり、セッケン分子というのは、1分子の中に疎水性の部分と親水性の部分を併せ持っているのです。このような分子のことを**両親媒性分子**といいます。一般に両親媒性分子を模式的に表すときには親水性部分を◯、疎水性部分を直線で表し、まるでマッチ棒のように書きます。

両親媒性分子を水に溶かすと、親水性の部分は水中に入りますが、疎水性の部分は水中に入るのを嫌がります。その結果、両親媒性分子は次ページの図のように、まるで逆立ちしたような形で水面に浮

くことになります。

　濃度を高めると、水面は両親媒性分子でビッシリと埋め尽くされることになります。この状態の両親媒性分子群は、まるで小学生が朝礼で校庭に集まったときのように、黒い頭が集まった膜のように見えます。そこで、この状態の分子集団を一般に**分子膜**と呼ぶわけです。

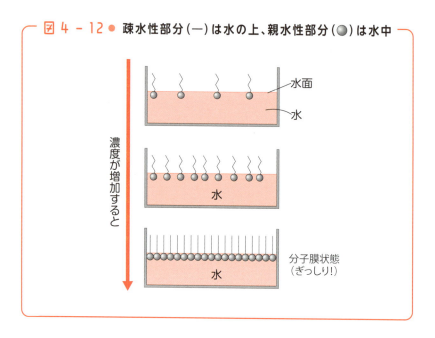
図 4-12 ● 疎水性部分（─）は水の上、親水性部分（●）は水中

　シャボン玉の膜はこのような分子膜が二枚重ねになった物です。そして膜の合わせ目に水分子が挟まっているのです。

　細胞膜というのはシャボン玉の膜を複雑にしたような物です。といっても、もちろん、細胞膜をつくる両親媒性分子はセッケン分子ではありませんが、それほど大きな違いはありません。<u>細胞膜の両親媒性分子も油脂からつくられる</u>からです。

　化学的な詳細は省きますが、細胞膜はシャボン玉の膜のように2

枚の分子膜が疎水性部分を接するようにして重なった状態なのです。

　分子膜の特徴、それは「分子の間に結合がない」ことです。そのため、分子膜を構成する分子は膜内を自由に移動することができるだけでなく、膜から離脱することも、また復帰することも自由です。

　このような分子膜からできた細胞膜は分子膜と同様に変幻自在に動きまわります。

　細胞膜のこのようなダイナミックさが生命のダイナミックさを生んだのでしょう。もし細胞膜がビニールラップのように分子の行き来を止めてしまうような物だったら、生命は誕生しなかったでしょう。

　細胞膜にはタンパク質やコレステロールなどの「不純物」がたくさん挟み込まれます。これらはまるで南氷洋を漂う氷山のように自由に動き回っているのです。

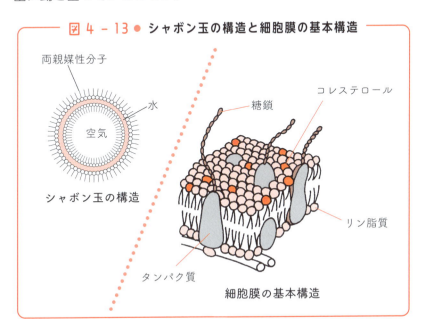

図 4-13 ● シャボン玉の構造と細胞膜の基本構造

油脂と火災の知識

——天ぷらの引火点・発火点の知識

　家庭で大量の油脂を扱うのは、天ぷらを揚げるときです。１Ｌほどの植物油脂を鍋に入れて火に掛けます。家庭で行ないういろいろの操作の中でも特に危険な操作といってよいでしょう。

　料理に慣れない人がピーマンの天ぷらを揚げようとして、もしピーマン１個をそのまま加熱した油の中に入れてしまったら、ピーマンは加熱されて内部の空気が膨張し、爆発します。熱い油が飛び散って火傷してしまいます。

　その上、悪くしたら油に火が付いて火事になります。エビの尻尾の先であっても、その密閉された空間の中には水がびっしり入っていますから、そのまま天ぷら鍋に入れたら爆発です。これは火山で起こる水蒸気爆発と同じ原理です。

　油の火災はどのようにして起こるのでしょうか？　物が燃えるには温度が必要です。この「火がつく温度」には２種類あります。**引火点**と**発火点**です。

　天ぷら鍋に油を入れて、油の近くにマッチの火を近づけます。マッチを油の中に落とさない限り、油に火がつくことはありません。しかし油を加熱して一定以上の温度になっていると、マッチの火を近づけただけで油が燃え上がります。この温度が引火点です。つま

り、近くに火種があれば燃え上がる温度、これが引火点なのです。天ぷら油の引火点は 316℃とされています。

　引火点を越えてさらに加熱を続けると、どうなるでしょうか。マッチの火を近づけなくても、油は自分自身で突如、炎を上げて燃え出します。この温度が発火点で、天ぷら油の場合は 340 〜 370℃とされています。天ぷら油の場合、引火点、発火点の温度差は意外なほど、近いのです。

　天ぷらに相応しい温度は 180℃ほどです。ウッカリして加熱を続けて 250℃になると、油からうっすらと煙が出てきて嫌な匂いがしてきます。さらに引火点の 316℃になると、脇のガスレンジで火を使っていると、天ぷら油に火が移ります。発火点の 340℃になると、たとえ熱源が IH ヒーターであり、火の気のない状態であっても油は勝手に燃えあがります。

　天ぷらは火傷や火災と背中合わせの操作です。自信のない方は、無理せずにスーパーで買うか、料理店へ行って食べるものと考えたほうが賢明かもしれません。

しょくひんの窓

天ぷら火災に消火器？

　消火器は食料とは無関係ですが、台所とは密接な関係があります。台所での火事です。

　消化器は「一家に一台以上の必需品」とされます。購入したらヨシではなく、ぜひ、キッチンに置いておきたいものです。ただ、買っただけでは使い方がわかりません。消火器は火を消さなければ意味がないからです。

　ところが、いざ練習をしようにも、消火器は一回噴射すると、もう使えません。終りです。これでは練習のしようがありません。

　もし、近くの消防署、あるいは自治会（防災会）でデモンストレーションの機会があった場合には、ぜひ参加して試してみてください。

　消火器は思いのほかに激しく噴射します。天ぷら鍋に向けて噴射したら、鍋がひっくり返って火を飛び散らかすことになるかもしれません。

　天ぷら火災に便利なのが「投げ込み式の消化弾」です。「弾」とはいっても、大砲の弾のような物ではありません。なかにはプラスチックの造花にした製品もあります。この花の中には、炭酸カリウム K_2CO_3 が入っています。これが油脂と反応して油脂を固体のセッケンに変えてしまいます。セッケンは鍋の油の表面に固まって、油に酸素が行くのを妨げるので、火が消えるという仕掛けです。

第5章

穀物で知る「炭水化物」の世界

5-1 穀物の種類と特徴を知る

―― 食料として、そしてエネルギーとして

　世界には多くの民族が存在しますが、各民族がそれぞれ固有の穀物を主食としています。主食の歴史は長いので、少々のことくらいでは他の穀物に変更できないという事情があります。まずはこの章のはじめとして、主な穀物の種類と特徴を見ておきましょう。

○**コメ**：熱帯から温帯地域の多雨地帯で栽培されます。その結果、東アジアから東南アジア、インドにかけての広い地域を主産地とし、ブラジルやアフリカなどを含めて広い地域で主食とされます。
○**小麦**：温帯地域を中心に、やや乾燥した地域での栽培に向きます。ヨーロッパや北アメリカ、オーストラリア、ニュージーランド、

コメ　　　小麦　　　大麦　　　エンバク

108

中東、華北、インドなど広い地域で主食とされます。

○**大麦**：<u>ビール醸造用の麦芽、および飼料用に利用</u>されます。寒冷なチベットでは主食となっています。

○**エンバク**：以前のスコットランドでは主食として利用されていました。世界全体で見ると、飼料、特に馬の飼料としての利用が多いようです。英国ではオートと呼びます。オートミールはエンバクからつくります。

○**ライ麦**：北欧やドイツ、ロシアなど寒冷な地域において主食とされます。

○**トウモロコシ**：やや乾燥した地域での栽培に向きます。<u>**中南米やアフリカでは主食**</u>ですが、そのほかの地域では主に飼料とされます。

○**モロコシ**：中国ではコウリャンと呼びます。乾燥にやや強い性格です。アジアやアフリカにおいて広く栽培されるほか、アメリカでも栽培されています。アフリカおよび南アジアの一部においては重要な主食ですが、そのほかの地域では飼料用としての利用がほとんどです

○**そば**：ユーラシア全域で栽培され、パンケーキやそばきり、そばガユなどさまざまな方法で食されます。

○**雑穀**：上記以外の各種穀物（きび、ひえ、はと麦など）。アジアやアフリカでの栽培が主です。

○**三大穀物**：米、小麦、トウモロコシを世界の三大穀物といいます。生産量、消費量ともに他の穀物よりズバ抜けて多くなっています。

第5章

穀物で知る「炭水化物」の世界

しょくひんの窓

バイオ燃料　食料か、燃料か？

　人類にとって、穀物は食料としても大切ですが、もうひとつ、エネルギーとしても穀物の利用は大きな意味を持ってきています。現在のエネルギー源といえば、原子力発電、火力発電、それと再生可能エネルギーとしての風力発電、水力発電、太陽光発電などがあります。現在の主なエネルギーは火力発電で生み出され、そのための燃料は石炭、石油、天然ガスという化石燃料です。化石燃料を燃やせば二酸化炭素が発生し、地球温暖化が進行します。

　ということで注目されているのがバイオ燃料です。バイオ燃料にも昔ながらの木炭、発酵によるメタンガスなどいろいろありますが、自動車などの内燃機関向けに開発されたのがアルコール燃料です。これはグルコース（ブドウ糖）をアルコール発酵させてエタノールをつくるというものです。グルコースの原料はデンプンです。ということで、現在のバイオアルコール燃料の原料はトウモロコシです。

　前ページの「トウモロコシ」の項でも触れたように、トウモロコシは多くの民族にとって主食です。主食を燃料に変えてよいのでしょうか？　貧しい人が主食を奪われはしないでしょうか？　草でも木でも、植物の体はセルロースでできています。セルロースはデンプン同様、グルコースでできています。牛や羊はそのセルロースを分解してグルコースに変換し、栄養源にしています。

　セルロースを分解する適当な菌を培養すれば、食糧問題とエネルギー問題は一気に解決となりそうですが、いかがでしょうか？

5-2 世界を飢餓から救った食糧増産

──肥料、農薬、緑の革命

　下のグラフは世界人口の年度変化です。2020年以降は国連による推定値ですが、多めの予想と少なめの予想の間に、大きな開きがあるのは驚きです。2100年における多めの予想では140億人と現在の2倍、少なめの予想では65億人と現在より減少しています。それにしても1940年以降の人口の伸びは恐ろしいほどです。半世紀ほどの間に3倍近くになっています。

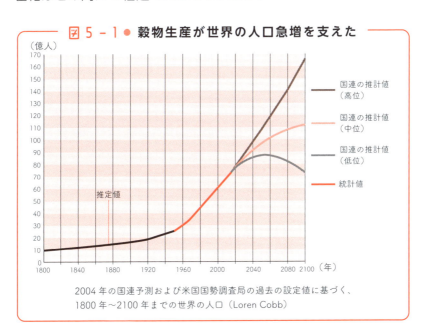

図 5-1 ● 穀物生産が世界の人口急増を支えた

2004年の国連予測および米国国勢調査局の過去の設定値に基づく、1800年～2100年までの世界の人口（Loren Cobb）

人口が増えれば消費する食料も増えます。いや、反対なのかもしれません。もしかすると、食料を増やすことができたからこそ、人口が増えたのかもしれません。それでは、なぜ食料を増やすことができたのでしょうか？

穀物、野菜、果実などの植物性食料が増えた原因の大きなものは**化学肥料**の登場です。植物は適当な肥料が無ければ健全には育ちません。植物には**3大栄養素**というものがあります。葉や茎など、植物の本体を育てる窒素 N、花や実を育てるリン P、根を育てるカリウム K です。**窒素、リン、カリウムが3大栄養素で、中でも窒素は大切**です。

窒素は空気の中に体積の 80% も含まれており、資源としては無尽蔵といってよいでしょう。しかし、マメ科等の特殊な植物以外はこのような空中の窒素を肥料として吸収することはできません。昔は腐葉土や堆肥を肥料としましたが、人口が増えるにつれて、それだけでは賄いきれなくなりました。

そんなときにドイツの科学者ハーバーとフィッシャーによって1906 年に発表されたのが「**空中窒素の人工固定法**」です。**ハーバー・ボッシュ法**というこの方法は空気中の窒素ガス N_2 と、水を電気分解して得た水素ガス H_2 を触媒存在下、400 ～ 600℃、200 ～ 1000 気圧という高温高圧で処理してアンモニア NH_3 をつくるというものです。二人はその後、ノーベル賞を受賞しました。

得られたアンモニアを酸化すると硝酸 HNO_3 になりますが、これとアンモニアを反応すると硝酸アンモニウム NH_4NO_3 となります。これは一般に**硝安**と呼ばれ、1分子の中に窒素原子を2個も

持つ優れた窒素肥料として用いられます。またカリウム K と反応すれば硝酸カリウム KNO_3 となります。**硝酸カリウムは3大栄養素のうち、窒素とカリウムの2つを同時に供給する肥料**です。

このような化学肥料の開発によって世界の穀物生産量は大きく増加しました。

穀物増産のもう一つの要因は、殺虫剤、殺菌剤などの農薬の開発です。その先鞭をつけたのは DDT です。DDT は有機塩素化合物といわれる化学物質の一種であり、塩素 Cl を含む有機化合物です。

── 図 5 - 2 ● 穀物生産を支えた農薬（DDT、BHC）──

DDT

BHC

DDT が初めて合成されたのは 1873 年のことですが、用途がないまま長い間放置されていました。しかし 1939 年にスイスの科学者ミュラーによって殺虫効果が発見されたのです。この発見によって DDT は、第二次世界大戦によって戦場に放置された多くの戦死者の遺体に群がるハエやウジを駆除するのに画期的な威力を発揮したのでした。ミュラーはこの功績によって 1948 年にノーベル賞を受賞しました。

ところが DDT、BHC 等の塩素系殺虫剤は人間にも害を与えることが判明し、代わってリン系の殺虫剤が開発され、現在はネオニコチノイド系という新しいタイプの殺虫剤が用いられています。

このような農薬によって実った穀物を、虫に食われることがなくなり、植物の病気も少なくなりました。

このような化学的な手段による増収法、いわばハードな面での対策と同時に効果的に働いた方策に、後に「緑の革命」（128 ページ参照）と呼ばれた、いわばソフト面での対策がありました。

一般に肥料は植物の成長を促進しますが、必ずしも一筋縄ではいきません。穀物の在来品種は一定以上の肥料を投入すると収量が低下します。それは在来品種の場合、ある程度以上に成長すると倒伏が起こりやすいためです。

そこで、高収量品種として新たに導入されたのがメキシコで開発されたメキシコ系の短稈小麦品種群や、フィリピンなどで開発されたイネの新品種 IR8 などです。これらの背の低い品種は作物が倒伏しにくく、施肥に応じた収量の増加と気候条件に左右されにくい安定生産を実現したものでした。

緑の革命に寄与した他の要因として、灌漑設備の整備・病害虫の防除技術の向上・農作業の機械化も挙げられます。

緑の革命という用語は、1968 年に米国国際開発庁によってつくられた造語です。緑の革命によって 1960 年代中ごろまでは危惧されていた、アジアの食糧危機が回避されただけでなく、需要増加を上回る供給の増加によって食糧の安全保障は確保され、穀物価格の長期的な低落傾向によって都市の労働者を中心とする消費者は大

いに恩恵を受けました。

　メキシコにある国際トウモロコシ・小麦改良センターで多収性品種の開発に努め、緑の革命に大きく貢献したボーローグは、「歴史上のどの人物よりも多くの命を救った人物」として 1970 年にノーベル平和賞を授与されました。

　下の表に 1961 年、2008 年、2009 年、2010 年の穀物生産量とその推移を示しました。1961 年には、コメ、小麦、トウモロコシの 3 大穀物で世界の穀物生産の 87％、世界の食物カロリーの43％を占めていました。しかしその後、緑の革命の影響を受けた3 大穀物、コメ、小麦、トウモロコシの生産量が爆発的に増加したことがわかります。その一方で、ライ麦とエンバクの生産量は1960 年代に比べて大幅に減少しています。

図 5 - 3 ● 「緑の革命」での食料大増産

（単位百万トン）

	1961	2008	2009	2010
コメ	285	689	685	672
小麦	222	683	687	651
大麦	72	155	152	123
エンバク	50	26	23	20
ライ麦	35	18	18	12
ライ小麦	12	14	16	13
トウモロコシ	205	827	820	844
モロコシ	41	66	56	56
そば	2.5	2.2	1.8	1.5
雑穀	26	35	27	29

Wikipedia「穀物」より

しょくひんの窓

ハーバー・ボッシュ法の負の側面

　ハーバー・ボッシュ法によって大量生産が可能になった硝酸は、各種爆薬の基本原料です。肥料にもなる硝酸カリウムはかつて硝石と呼ばれ、黒色火薬の主要原料でした。同じく硝酸アンモニウムはそのままでも高い爆発力を持ち、しばしば歴史に残る大爆発事故を起こしています。

　さらに重要なのは、硝酸は爆薬としてあまりに有名なダイナマイトやトリニトロトルエン TNT の原料になるということです。それまでは、硝酸の原料である硝石のかつての入手ルートといえば、鉱山から掘ってくるか、人間の尿から手に入れるかしかなく、このため硝石の量には限りがありました。硝石が無くなれば硝酸をつくれず、鉄砲を撃つことも爆弾をつくることもできません。つまり、刀を振り回すことしかなくなるのです。

　ところが、ハーバー・ボッシュ法のおかげで食糧生産だけでなく、その裏では爆薬を無尽蔵につくることができるようなりました。第一次世界大戦、第二次世界大戦を可能ならしめたのも、このハーバー・ボッシュ法の負の側面だったといってよいでしょう。そして現在も、世界の至る所で地域紛争が起こっているのです。

脚気とビタミン B1 の物語
―― 知識不足と頑固さが招いた悲劇

　主な穀物の栄養価を下の表にまとめました。カロリーに大きな違いはないようです。小麦とそばのタンパク質が多いのがわかります。トウモロコシは脂質が多くなっています。それに伴って飽和脂肪酸の量もトウモロコシが多く、食物繊維はコメとそばが目立って少ないようです。

　と精白米とを比べると、脂質と食物繊維に大きな違いのあることがわかります。白米になると脂質は 3 分の 1 に減り、食物繊維

図 5-4 ● 穀物の栄養価

100g あたり

	カロリー	水分	タンパク質	全脂質	飽和脂肪酸	コレステロール	炭水化物	食物繊維	食塩相当量
	kcal	g	g	g	g	mg	g	g	g
玄米	353	14.9	6.8	2.7	0.62	(0)	74.3	3.0	0
精白米	358	14.9	6.1	0.9	0.29	(0)	77.6	0.5	0
もち米	359	14.9	6.4	1.2	0.29	(0)	77.2	(0.5)	0
小麦(薄力粉)	367	14.0	8.3	1.5	0.34	(0)	75.8	2.5	0
大麦(米粒麦)	343	14.0	7.0	2.1	(0.58)	(0)	76.2	8.7	0
トウモロコシ	350	14.5	8.6	5.0	(1.01)	(0)	70.6	9.0	0
そば	361	13.5	12.0	3.1	0.60	(0)	69.6	4.3	0

日本食品標準成分表（7訂）より　（数値）＝推計値、(0)＝文献等から含まれていないと推定

は6分の1に減っています。白米に慣れた現代人に玄米を勧めるのはむずかしいでしょうが、栄養的には玄米の方が優れていることは確かでしょう。

　白米に栄養的な問題があるのはいろいろいわれていますが、その大きな問題は「ビタミンB1不足」ということでしょう。ビタミンB1が不足すると脚気が起きます。脚気は江戸時代から知られていましたが、当時は江戸に多い病気であることから「江戸病い」とか「江戸患い」といわれていたそうです。

図5-5 ● 白米だと脚気に、玄米なら元気いっぱい…の理由は？

　これは当時、田舎では玄米を食べていたので脚気はほとんど見られませんでしたが、江戸では白米が常食とされ、このためビタミンB1不足になりました。このように、脚気は江戸在住の人に多い特有の病気という意味で「江戸患い」などと呼ばれたのですが、当時の人々は脚気の原因が白米常食であるとは気づかなかったようです。

もちろん、ビタミンの知識もありません。

　この状況は明治に入ってからも変わりませんでした。脚気の問題に直面したのは、多くの兵士を抱える軍隊、特に陸軍でした。兵士の間に脚気患者が続発したのです。この問題に解決策を見出したのは海軍のほうでした。1884年、後の海軍軍医総監・**高木兼寛**は、脚気の患者は下士官以下に多く、上級兵士に少ないことから、「脚気の原因は兵士の食事にある」と考え、全兵士の食事を洋食に切り替えてみました。しかし、兵士がパンを嫌ったため、翌年には主食を麦飯に変更しました。すると、脚気の患者が劇的に減少したのです。

　高木は英国式の実証主義的な医学を学んでいました。これと反対だったのが陸軍でした。後の陸軍軍医総監の**森鴎外**（本名：森林太郎）はドイツ式の理論主義的な医学を学んでいました。ビタミンという概念のなかった当時、「病気は細菌によって起こるもので、食事によって起こるのは栄養不良くらいである」と頑迷に思い込んでいたようです。

　このため、せっかく海軍で行なった実験的改革でよい結果が出ているにもかかわらず、その方法を取り入れるどころか、海軍の方法を非論理的だと非難したのです。その結果、海軍も数年後には元の食事に戻し、脚気患者は急増したのでした。

　どのような組織でも起こりがちなことですが、頑迷と縄張り根性がはびこると迷惑するのは組織の下部の人たちです。

5-4 炭水化物を科学の目で見ると

――なぜ牛乳を飲むとゴロゴロするのか？

　穀物の主要成分はデンプンです。デンプンは「炭素」と「水」とが適当な比率で結合したものと見ることができるので「炭水化物」とも呼ばれます。

　炭水化物にはいろいろの種類があり、その分類の仕方もいろいろありますが、栄養関係では、次の図のように分類します。

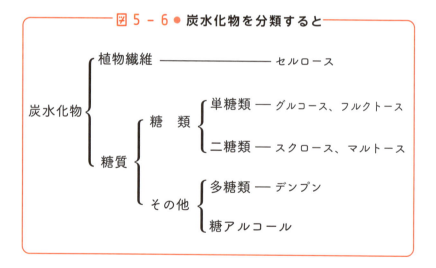

図5-6 ● 炭水化物を分類すると

　つまり、人間が消化吸収して養分とすることのできる「糖質」と、養分にできない「植物繊維」に分類するのです。

　そして糖質をさらに「糖類」と「その他」に分けます。糖類には

「単糖類」と「二糖類」があり、その他には「多糖類」や「糖アルコール」があります。複雑なのは、植物繊維の多くが多糖類であるということですが、これについては次節で見ます。

単糖類とは、炭水化物の中で最も小さい物と考えてください。単糖類の代表選手は、ブドウ糖（グルコース）と果糖（フルクトース）です。単糖類はこれから見ていく二糖類や多糖類をつくる基本原料のようなものです。

二糖類は単糖類が2個、脱水縮合したものです。グルコースが2個結合したものは麦芽糖（マルトース）といわれます。水飴やウイスキーの原料です。そしてグルコースとフルクトースが結合したものが砂糖（正式名：ショ糖、スクロース）です。

牛乳に含まれる乳糖（ラクトース）も二糖類の一種です。乳糖はブドウ糖とガラクトースという二個の単糖類からできています。乳糖は体内でラクターゼという酵素によって分解されますが、ラクターゼの量の少ない人は十分に分解できないことがあります。つまり、牛乳に含まれる乳糖を分解する力が弱く、お腹がゴロゴロしたりします。これを乳糖不耐症といい、体の不調につながります。

単糖類がたくさん結合したものを多糖類といいます。多糖類にもたくさんの種類があります。デンプンはブドウ糖からできた多糖類ですが、その個数は数千〜数万個に達します。要するにデンプンは鎖のようなものなのです。

植物繊維はセルロースという多糖類ですが、これもブドウ糖からできています。しかし、ブドウ糖同士を繋げる結合の種類がデンプ

ンの場合と違います。そのため**人類はデンプンを分解することはできますが、セルロースを分解することはできず**、栄養源として利用することもできないわけです。

　それに対し、ヤギや牛などの草食動物は消化管の中にセルロースを分解することのできる微生物を持っています。そのため、草を食べて栄養源にすることができます。

　多糖類にはこのほかにも、健康サプリメントとして知られているコンドロイチン、ヒアルロン酸、キチン質などがあります。カニの甲羅が炭水化物の仲間といわれると意外かもしれませんが、自然界には「意外」なものがたくさんあります。

　「デンプンは鎖のようなもの」と前述しましたが、もちろん、それほど単純ではありません。デンプンにはアミロースとアミロペクチンという、2つの種類があります。しかもその種類は実際の調理に深く関係しているのです。

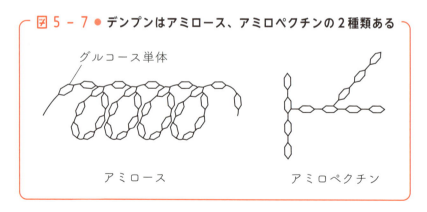

図 5-7 ● デンプンはアミロース、アミロペクチンの2種類ある

　アミロースはブドウ糖が鎖状に繋がったものです。アミロペクチンとの決定的な違いは、この「鎖状」ということです。すなわち、

アミロースは簡単にいえば、毛糸のような一直線状の分子なのです。

　しかし、分子は一筋縄にはいきません。この毛糸のような分子がらせん構造（立体構造）をつくるのです。先に見たタンパク質と同じです。

　中学校の理科では、**ヨウドデンプン反応**というのを実験しました。デンプンにヨウ素 I_2 溶液を加えると青く呈色するという反応です。これは、このらせんの中にヨウ素分子 I_2 が取り込まれることによって起こる反応だったのです。

　私たちがご飯として食べるお米（うるち米）に含まれるデンプンは約 20% がアミロースです。それでは、お米に含まれるデンプンの残り 80% は何でしょう？　それがアミロペクチンです。そして、**もち米に含まれるデンプンはすべてがアミロペクチン**です。

　アミロペクチンの構造は前ページの図のように、一直線状ではなく、枝分かれしています。この枝分かれのおかげで、分子が互いに絡まり、それがお餅の粘りの原因になっているのです。

　炊き立てのご飯はやわらかくて美味しいですが、冷めて硬くなったご飯は美味しくありません。これはデンプンが熱によって変化するからです。

　アミロースはらせん構造を保つために、鎖状構造の所々で弱い結合をしています。このような結合を水素結合といい、しっかりしたらせん状態（結晶状態）のデンプンを β – デンプンといいます。生の穀物のデンプンは β – デンプンです。

　β – デンプンを水の存在下で加熱すると、水素結合が切断され、らせん構造は崩れ、結晶構造が破壊されます。このようなデンプンを α – デンプンといいます。要するに生米が β – デンプン、ご飯が

α‐デンプンということです。

　α‐デンプンは構造が緩いので、**酵素が内部に入り、消化されやすくなります**。しかし、この状態で冷却されると元のβ‐デンプンに戻ります。これが冷や飯状態ということになります。ところが、水分が無いと、いつまでもα‐デンプンのままです。これが乾パン、フリーズドライ白飯、あるいは戦国時代に武士や忍者が戦場で食べた焼き飯なのです。

しょくひんの窓

エジプトのパンがビールに変わる？

　ピラミッドをつくっていた頃のエジプトでは、労働者にパンが支給されました。労働者は食べ残したパンを水に浸けて数日放置し、ビールにして飲んだといいます。このようなことは可能なのでしょうか？

　パンをつくるには水で練った小麦粉にイースト菌（酵母菌）を加え、しばらく放置します。するとイースト菌がアルコール発酵を起こし、ブドウ糖を分解してアルコール（エタノール CH_3CH_2OH）と二酸化炭素にし、この二酸化炭素が泡となってパン生地を膨らませます。

　現代のパンでは、この生地を高温で加熱するため、酵母菌は死んでしまいます。ところが、エジプト時代のパンは中まで焼けていなかったようです。つまり、たこ焼き状態だったわけです。これならイースト菌は生き残っており、パンを水に浸けたらイースト菌はアルコール発酵を再開し、ビール（ホップ抜き）をつくったことでしょう。

5-5

ゲノム編集は農業にどう有用なのか？

――「種の壁」を超えて欲しいものを手に入れる技術

　人間は長い歴史を通じて収量、耐病性を上げるように作物の改良を続けてきました。そのための手法は、**望む性質を持った作物同士を交配するという手法（交配）**でした。しかし、**交配**には限度があります。**種の壁を乗り越えることは困難**だからです。イネ科のコメとマメ科の大豆を交配しても、次世代を継承する「実りあるような実」は実りません。まして植物と動物の交配など考えるだけでも荒唐無稽です。

　ところが遺伝子の知識と、それを扱う技術が急速に、格段に進歩した現代では、そのような、恐ろしい夢のようなことが実現できるのです。

　遺伝子（ゲノム）は核酸 DNA に組み込まれたもので、生物の遺伝情報を蓄えたものです。遺伝子の研究は 20 世紀中葉から 20 世紀末にかけて、驚異的に発展しました。現代はこの知識と技術を実現させる世代に入ったといってもよいでしょう。

　遺伝子を操作することができたら、種の壁を乗り越えることも可能と思われます。それが実現しています。**遺伝子組み換え**と**ゲノム編集**です。家畜にまで目を広げればクローン技術と幹細胞技術もその範疇に入るものといってよいでしょう。

遺伝子組み換えはある種の生物のDNAを取り出し、そこにまったく異なる他の種の生物のDNAを継ぎ足して新しいDNAを合成し、それを基に新しい種をつくり出し、成長させる技術です。これは神話の世界に登場する、肩から上は人間、下は牛という生物、あるいは上半身は美しい女性、下半身はヘビという**キメラ**を可能にする技術といってもよいでしょう。

現代の遺伝子組み換えによって、高品質、多収穫で病虫害に強いという優れた作物が何種類も誕生し、実際に市場に出回っています。これが遺伝子組み換え作物です。

日本ではこのような作物の作製、育成は行なわれていませんが、

しょくひんの窓

農業は大工仕事に変わってきたか？

かつて奈良女子大学に数学の泰斗として知られた岡潔先生がおられました。岡先生は数学と物理学を比較して「百姓と大工の違いがある」といいました。物理学は大工なのだそうです。大工さんは、板と釘さえあれば一晩で家をつくることができるそうです。だから原爆をつくったといいます。

ところがお百姓さんは種を撒いた後、待つだけだそうです。やがて太陽と雨が種を育てます。早く育てようと肥しをやると、根腐れを起こして枯れてしまいます。その代わり、時が満ちれば豊かな実りをもたらしてくれます。

現在の農業は大工仕事、つまり物理学や工業に近づいているのではないでしょうか？　立ち止まって考えるゆとりも必要なように思います。

収穫された作物の輸入は品種限定で許可されています。**遺伝子組み換えで輸入許可がされているのは、大豆、ジャガイモ、ナタネ、トウモロコシ、ワタ、テンサイ、アルファルファ、パパイアの8種**です。

　遺伝子組み換え作物の安全性に懐疑的な意見もあります。しかし、実験的に異常が見つかったことはなく、実際に害が現れたこともないとされています。ただし、遺伝子組み換えは開発されて間もない技術です。先を急ぐのでなく、着実に安全性を確認しながら進めるのが賢明というものでしょう。

　遺伝子組み換えが批判的な意見に晒されているのに対して、最近注目されているのが**ゲノム編集**（遺伝子編集）です。これは遺伝子を編集する技術です。つまり、一つのDNAを切ったり繋いだりして修正（編集）を加えるのです。この技術の基本は、「他の固体の遺伝子を持ち込まない」ということです。したがって、遺伝子組み換えのようなキメラができる可能性はありません。

　それでは、ゲノム編集技術は、農業、畜産にどのように有効なのでしょうか？　それは、**生産に不利不要な遺伝子を抹殺できるという点**です。たとえば、マダイには、筋肉の量を一定量以上に増やさない遺伝子が入っているそうです。そこでこの遺伝子を「編集」して取り除いてやると、従来のマダイより20％も筋肉量の多いマッチョなマダイが誕生します。

　この技術を「善し」とするかどうかは難しい選択です。肉の多いマダイは食料として見ればよいことですが、このようなマダイが海に蔓延したら、困る小魚が出てくるのではないでしょうか？　日本の小川にブラックバスが登場したようにはならないのでしょうか？

第5章　穀物で知る「炭水化物」の世界

しょくひんの窓

緑の革命

　本章でご紹介した「緑の革命」というのは、1940 年代から 1960 年代にかけて世界的に行なわれた農業革命運動のことです。革命とはいうものの、それは決して政治的、破壊的な改革運動ではなく、あくまでも科学的な検討に裏打ちされながら着実に行なわれた、しかし、それまでの農業技法に対してはやはり「革命」というべき運動でした。

　この運動は農業革命の 1 つとされ、提唱者であるアメリカの農学者ノーマン・ボーローグは 1970 年に「歴史上のどの人物よりも多くの命を救った人物」としてノーベル平和賞を受賞しました。

　しかし、いつの世にも、どのような偉業にも異論を唱える人はいるものです。ボーローグはそのような人たちに対して、次の言葉を残しています。

　「私の行なった改革は正しいものと確信しています。しかし、いつか、もっとよい方法が発見されるかもしれません。

　私の行なった改革を批判する西欧の環境ロビイストの中には、耳を傾けるべき地道な努力家もいます。しかし多くはエリートで空腹の苦しみを味わったことがなく、大都会にある居心地のよいオフィスからロビー活動を行なっています。もし彼らがたった 1 か月でも途上国の悲惨さの中で生活すれば、彼らもきっと、トラクター、肥料そして灌漑水路が必要だと叫ぶでしょうし、故国の上流社会のエリートがこれらを否定しようとしていることに激怒することでしょう」

　人類に対するボーローグの貢献に感謝しない人がいるのでしょうか？

第6章

野菜と果実の特色はなにか？

6-1 野菜、果物、海藻の種類は？

――まずは分類してみよう！

　スーパーの食品売り場の入り口部分を見ると、野菜や果物の売り場となっていることが多いようです。色とりどり、形もいろいろの野菜や果物がまさしく所狭しと並んでいます。まず最初に、どのような野菜・果物があるのかを見てみましょう。

　野菜から見ていきます。野菜には葉や茎を食べる葉菜、花を食べる花菜、果実を食べる果実菜、種子を食べる種子菜、根を食べる根菜などがあります。また、キノコも野菜売り場に並んでいます。主な物は以下のようなものです。

○**葉菜**（ようさい）：キャベツ、白菜、ホウレンソウ、小松菜、レタス、水菜、三つ葉、パセリ、クレソン、チコリ、ネギ、モヤシ、ウド、その他ワラビ、ゼンマイ、コゴミなどの山菜、あるいはタケノコなどが「葉菜」です。玉ネギ、ニンニク、ラッキョウ、ユリネなどの可食部分は根のように見えますが、実は茎の部分です。煮るなど加熱して食べる他、生で食べる物、漬物にする物などがあります。

○**花菜**（はなさい）：ブロッコリー、カリフラワー、菜の花、食用菊、近年はイデブルフラワーが人気です。「花菜」は茹でた

り生で食べたりします。

○**果実菜**（**かじつさい**）：トマト、ピーマン、パプリカ、唐辛子、キュウリ、ナス、ゴーヤ、カリモリ、ウリ、オリーブ、トーガン、カボチャなどがあります。「果実菜」は生で食べる他、煮る、焼く、茹でる、炒める、あるいは漬物にするなど多彩な料理に向きます。

○**種子菜**（**しゅしさい**）：大豆、小豆、ソラマメ、インゲンマメ、ピーナッツ、グリーンピース、レンズマメ、トウモロコシ、ギンナンなど各種あります。「種子菜」は、若い物は生で食べますが、完熟したものは煮て食べます。

○**根菜**（**こんさい**）：大根、ニンジン、ゴボウ、レンコン、生姜、ワサビ、イモ類としてジャガイモ、サツマイモ、サトイモ、ナガイモ、エビイモ、キクイモ、などがあります。「根菜」は生で食べる他、煮る、焼く、漬物にするなどして食べます。

○**菌類**：人工的に栽培されている物としては、シイタケ、マイタケ、シメジ、エノキ、エリンギ、ナメコ、キクラゲなどがあり、新種が次々と開発されています。天然物としては、マツタケ、クリタケなどがあります。ナメコ以外は煮る、焼く、炒めるなど、加熱することが多いようです。天然物は保存用として漬物にする場合もあります。

○**ハーブ類**：香りを味わうものです。葉、花、根、いろいろの部分を用います。用いる箇所によって次のようなものがあります。

- 葉を用いる物：ミント、木の芽（山椒の葉）、シソ、バジル、タイム
- 花を用いる物：ラベンダー、ジャスミン、山椒の花、クロー

131

ブ

- 実を用いる物：八角、唐辛子
- 種を用いる物：胡椒、バニラ、マスタード
- 根を用いる物：生姜、ワサビ

　次に果実を見てみましょう。果実はその名前の通り、植物の実を食べるものですが、イチゴのように草に成るものと、リンゴのように木に成るものがあります。

　○**草に成る果実**：草になる果実としては、イチゴ、メロン、スイカ、ウリ、バナナ、パイナップルなどがあります。ジャムにする以外はもっぱら生で食べます。

　○**木に成る果実**：木になる果実としては、リンゴ類、ミカン類、ナシ類、ブドウ類、桃、柿、アンズ、サクランボ、キウイ、レモン、キイチゴ、ブルーベリー、ラズベリー、イチジクなど、たくさんあります。

　　ジャム、パイ、缶詰などとして加熱することもありますが、多くは生で食べます。例外的な物に梅干しにする梅の実があります。

　野菜や果実以外に考えると、海藻があります。海藻は日本特有の食品ともいえるもので、海洋国家に育った日本人が育てた優れた植物食品といえるでしょう。

　○**昆布**：鰹節と共に旨味の豊富なだしをとるのに欠かせません。グルタミン酸ナトリウムを含みます。

　○**わかめ**：味噌汁の具、酢のものとして欠かせません。

○**海苔**：おむすびを包む焼き海苔、熱いご飯に乗せる佃煮は日本の味そのものといえます。

○**ヒジキ**：人参や細く刻んだ薄揚げなどと共に、甘辛く煮たものはオフクロの味の代名詞です。

○**モズク**：酢のものはお酒の肴としておつな物です。

○**テングサ**：煮汁を固めた物は寒天として、西洋のゼリーに相当する上品な食材です。

○**フノリ**：そばのつなぎとして用います。

しょくひんの窓

春の七草　VS　秋の七草

　野山に生える草木のうち、食用になるものを山菜といいます。万葉集にある光孝天皇の歌、

　「君がため 春の野に出でて 若菜つむ わが衣手に 雪は降りつつ」で天皇が摘んでいる若菜は、まさしく山菜だったのではないでしょうか？　春の七草といわれるセリ、ナズナ、ゴギョウ、ハコベラ、ホトケノザ、スズナ、スズシロは当時の野菜だったのでしょう。

　それに対して、秋の七草といわれるハギ、オバナ、クズ、ナデシコ、オミナエシ、フジバカマ、キキョウは食用ではなく、花を愛でるとか、煎じて薬用にするとかしたもののようです。

　私たちが目にする豊富な野菜の多くは、明治以降に西洋からもたらされたものが多いようです。

第6章

野菜と果実の特色はなにか？

6-2 野菜・果実の成分とその科学

——リンゴの蜜はなぜ甘くないのか？

　穀類、野菜、果実の主成分は炭水化物で変わりありませんが、その三者の違いは糖類の内訳です。穀類では多糖類のデンプンが多く、野菜ではセルロース、果実では単糖類、二糖類が多くなっています。

　野菜に含まれる炭水化物は、主にデンプンとセルロースです。特に葉菜に多く含まれる食物繊維は植物繊維とも呼ばれるセルロースです。人間はセルロースを分解してブドウ糖にできないため、繊維質は栄養的には無価値ですが、整腸作用が大きいようです。

　一方、豆類、トウモロコシなどの種子菜や、カボチャなどの果実菜、それにイモ類などの根菜に含まれる糖質はデンプンが主となっています。

　果実の特色は、甘味と香りです。その甘味は単糖類と二糖類からくるものです。単糖類の**ブドウ糖**、**果糖**、それに二糖類の**ショ糖**（砂糖）は果実の甘味の三大要因です。

　果実もデンプンを含みますが、果実の場合は、そのほとんどがデンプンの最終貯蔵庫ではありません。果実が熟すにつれてデンプンは分解されてブドウ糖や果糖に変化します。熟した果実が甘いのはこのような化学変化が原因になっています。

図 6 - 1 ● 野菜、豆類、果実の主要な栄養素

野菜（炭水化物） ……………▶ デンプン＋セルロース

豆類、イモ類 ……………▶ デンプン

果実 ……………▶ ブドウ糖、果糖

　十分に熟したリンゴには蜜が入りますが、蜜の部分は取り立てて甘いわけではありません。これはなぜでしょうか。

　リンゴの蜜は**ソルビトール**（$C_6H_{14}O_6$）という糖アルコールの一種です。ソルビトールは果糖やショ糖の半分の甘さしかないため、甘く感じないのです。ソルビトールは、葉の光合成によってつくられる物質で、リンゴの成長に伴って葉から茎を通って果実内に運ばれて、甘いブドウ糖やショ糖に変換されるのです。

　しかしリンゴが完熟するとソルビトールは変換をやめ、そのままの状態で水分を吸収します。これが蜜の正体です。**蜜が入っていることはリンゴの完熟度を示しても、甘さの証明にはならない**のです。

　果実には甘み以外にも、心地よい香りがあります。果実の香りは、実は何種類もの「香り物質」が混合されてできたものです。そのため、これがイチゴの香り分子、これがバニラの香り分子と、特定の分子を挙げることができる場合と、そうでない場合があります。

　植物の香り分子は、化学的にはエステルと呼ばれるものが中心です。エステルというのは、アルコールとカルボン酸が脱水縮合した化合物（4章2節参照）のことです。いくつかの例を挙げてみると、

・酢酸エチル（果物全般の香り）

- 酪酸エチル（果物全般の香り）
- 蟻酸イソブチル（果物全般の香り）
- 酢酸ヘキシル（リンゴ、フローラルの香り）
- 酢酸イソアミル（バナナの香り）
- 酪酸メチル（リンゴ、果物全般の香り）
- 酪酸ペンチル（ナシ、アンズの香り）
- 吉草酸ペンチル（リンゴ、パイナップルの香り）
- メチルフェニルグリシド酸エチル（イチゴの香り）

などがよく知られています。

　消費者が野菜や果実に期待する養分に**ビタミン**があります。ビタミンというのはホルモンと同じような物であり、少量で生体の機能を調整する物質です。このうち、**人間が自分で合成できるものをホルモン、できないものをビタミンと呼ぶ**わけです。

　つまり、ビタミンは植物由来、ホルモンは動物由来という分類ではないのです。そのため、魚類からもビタミンを採ることは可能です。大航海時代の船乗りは港に寄るたびに新鮮な野菜、果実ととも

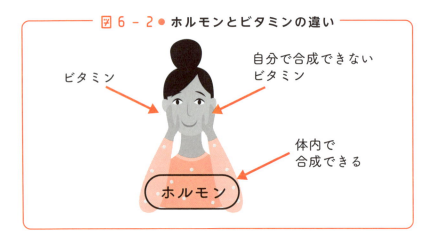

図 6 - 2 ● ホルモンとビタミンの違い

に新鮮な魚を積み込んでいました。未だビタミンという概念のない時代でしたが、魚に壊血病を予防するビタミンCなどのビタミン類が含まれていることを経験的に知っていたのでしょう。

ビタミンには水に溶ける**水溶性ビタミン**と、油に溶ける**脂溶性ビタミン**があります。ビタミンが足りないとビタミン固有の欠乏症が現れます。しかし、大量に摂り過ぎると、過剰症になります。水溶性ビタミンは過剰に摂取しても水に溶けてオシッコとして体外に流出できますが、脂溶性ビタミンに関しては注意が必要です。

図 6 - 3 ● 水溶性・脂溶性のビタミン欠乏症

主な水溶性ビタミン欠乏症		主な脂溶性ビタミン欠乏症	
ビタミンB1	脚気（かっけ）	ビタミンA	夜盲症、皮膚乾燥症
ビタミンB2	成長障害、粘膜・皮膚の炎症	ビタミンD	くる病、骨軟化症
ビタミンB6	成長停止、体重減少、てんかん、痙攣、皮膚炎	ビタミンE	神経障害
ビタミンB12	巨赤芽球性貧血	ビタミンK	出血傾向、血液凝固遅延
ビタミンC	壊血病		

ビタミンとその欠乏症を表にしました。ビタミンAが不足すると鳥目（夜盲症）になるといわれます。その理由は、ビタミンAが酸化すると「レチナール」という視物質になります。これは視細胞の中にあって視覚を司る大切な分子なのです。

レチナールに光が当たると二重結合の形がシス形からトランス形に変化します。この形態変化を視神経が感じ取って、「光がきたぞ」と情報を脳に送るのです。

6-3 野菜・果実の栄養価は？

―― 野菜は低カロリー、キノコは低カロリー＆高食物繊維

　野菜、果実の栄養価を次ページの表にまとめました。**野菜は根菜類を除けばカロリーは非常に少ない**ことがわかります。主な物は食物繊維を含む炭水化物です。ブロッコリーではカロリー、タンパク質、食物繊維、どれも多くなっています。タンパク質はキュウリでも多いようです。

　根菜類ではサツマイモのカロリーが目立って多いことがわかります（ジャガイモの 2 倍もある）。炭水化物もサツマイモの方がジャガイモの 2 倍近くになっています。甘い人参のカロリー、炭水化物量が低いのは意外です。根菜の中では大根の食物繊維量が多くなっています。

　キノコは低カロリーで高食物繊維が特徴といえそうです。

　果実のカロリーが根菜に次いで高いのは、炭水化物の量が多いからでしょう。中でもバナナは、カロリー・炭水化物量、共に高くなっています。果実の食物繊維はあまり多くないようですが、かんきつ類の場合には中身を分けている袋を食べるかどうかで数値は異なります。表の値は袋を除いたものです。

　海藻のデータは、昆布と海苔が乾燥品、わかめが生鮮品のものです。昆布と海苔を比較すると海苔のタンパク質が多いことがわかり

ます。わかめを乾燥した場合の推定値（14g）と比べても多くなっています。

図 6 - 4 ● 野菜・果実の栄養価

100g あたり

		カロリー	水分	タンパク質	全脂質	飽和脂肪酸	コレステロール	炭水化物	食物繊維	食塩相当量
		kcal	g	g	g	g	mg	g	g	g
菜	キャベツ	23	92.7	1.3	0.2	0.02	(0)	5.2	1.8	0
	白菜	14	95.2	0.8	0.1	0.01	(0)	3.2	1.3	0
花	ブロッコリー	27	91.3	3.5	0.4	(0.05)	(0)	4.3	3.7	0
	菊	27	91.5	1.4	0	—	(0)	6.5	3.4	0
実	キュウリ	14	95.4	1.0	0.1	0.01	0	3.0	1.1	0
	トマト	19	94.0	0.7	0.1	0.02	0	4.7	1.0	0
根	大根(根)	18	94.6	0.5	0.1	0.01	0	4.1	1.4	0.1
	ニンジン	39	89.1	0.7	0.2	0.02	(0)	9.3	2.8	0.1
	サツマイモ	134	65.6	1.2	0.2	0.03	(0)	31.9	2.2	0
	ジャガイモ	76	79.8	1.8	0.1	0.02	0	17.3	1.0	0
キノコ	シイタケ(生)	19	90.3	3.0	0.3	0.04	(0)	5.7	4.2	0
	マッシュルーム	11	93.9	2.9	0.3	0.03	0	2.1	2.0	0
	エリンギ	19	90.2	2.8	0.4	(0.05)	0	6.5	4.8	0
果実	イチゴ	34	90.0	0.9	0.1	0.01	0	8.5	1.4	0
	ミカン(雲州)	46	86.9	0.7	0.1	0.01	0	12.0	1.0	0
	リンゴ(皮むき)	57	84.1	0.1	0.2	0.01	(0)	15.5	1.4	0
	バナナ	86	75.4	1.1	0.2	(0.07)	0	22.5	1.1	0
海藻	昆布(干)	138	10.4	11.0	1.0	0.18	Tr	55.7	24.9	6.1
	わかめ(生)	16	89.0	1.9	0.2	(0.01)	0	5.6	3.6	1.5
	あま海苔(焼)	188	2.3	41.4	3.7	0.55	22	44.3	36.0	1.3

日本食品標準成分表(7訂)より　Tr＝微量、(数値)＝推計値、(0)＝文献等から含まれていないと推定

第6章　野菜と果実の特色はなにか？

身の回りの野菜、キノコの毒

——対処法をしっかり知っておこう

　毎年春先になると山菜と毒草を間違って食べる食中毒が起こり、秋になると毒キノコを間違って食べる食中毒が発生し、毎年何人かは命を落としてしまいます。

　多くの植物が有毒成分を持っています。これは植物が害虫を寄せ付けないための防御策だとする話もありますが、本当のところはわかりません。思わぬ植物が思わぬ毒を持ち、美しい園芸植物が強い毒を持つことがあります。食用として売っている植物以外は食べない方が安全でしょう。

　ここでは毒を持つ植物のうち、食中毒の原因として有名な物だけをご紹介しましょう。

○**ワラビ——アク抜きを忘れない！**

　まさかと思うかもしれませんが、春の山菜の代表ともいえるワラビにも毒物（プタキロサイト）が含まれます。放牧した牛がワラビを食べると血尿を出して倒れるそうです。それだけでなく、プタキロサイトには強力な発ガン作用もあります。

　でも私たちはワラビを美味しく食べて、何の不都合もありません。なぜでしょうか？　それは**アク抜き**をするからです。アクヌキというのは食品を灰の水溶液（灰汁：あく）に数時間浸けることです。

灰汁は塩基性です。そのため、プタキロサイトが塩基性加水分解されて無毒になるのです。

図 6 - 5 ● ワラビにはアク抜きで対処

○**トリカブト**──ニリンソウとの区別は「花」を見る！

アコニチンという猛毒を持った有名な毒草ですが、秋には美しい紫の花を付けるので園芸作物としても扱われます。もちろん、猛毒を持ったままです。トリカブトの毒は、葉、花、茎、根と植物全体に存在します。中でも多いのは根の部分です。トリカブトの毒は食べたときだけでなく、傷口などからも体内に入りますから、厳重な注意が必要です。

トリカブトの葉は食用の山菜であるニリンソウの葉にソックリです。そのため間違って食べる人があとを絶ちません。しかしニリンソウは葉柄の付け根に二輪の白い花を付けます。トリカブトと間違わないためには必ず花を確認することです。

○**スイセン**──ニラとの区別は「匂い」！

ニラと間違えてスイセンを食べると、食中毒を起こします。家庭菜園にニラを植え、その近くにスイセンを植えたのでしょう。葉の形が似ているので茹でて食べたのでしょう。スイセンにはニラの匂

いがないからわかりそうなもの、というのは後の話です。ニラと間違って大量に食べるせいでしょうか、スイセン中毒では死亡例が多いようです。

スイセンにはリコリンという毒物が入っています。これは彼岸花に含まれる毒成分と同じものです。

○コンフリー──庭で見つけたら抜いておく！

昭和40年頃に健康野菜として評判になった植物です。庭に植えた方も多かったでしょうが、多年草ですから現在も茂っているかもしれません。コンフリーにはピロリジンアルカロイドという毒素が含まれ、長期間、過剰に摂食すると肝障害等を引き起こすことが明らかになり、現在は摂食が禁止されています。庭で見つけたら、抜いて捨てた方が禍根を残さないでしょう。

○ジャガイモ──家庭菜園では気をつける！

ジャガイモの芽にはソラニンという毒素が含まれています。市販のジャガイモの中にはコバルト60（正確にはニッケル60）を用いた放射線処理によって芽が出ないようになっているものもありますが、ソラニンは若くて小さいジャガイモや、光が当たって皮が緑色になったジャガイモにも含まれます。事故が起こりやすのは、家庭菜園や学校菜園です。小さくてかわいらしいジャガイモを茹でて食べた児童が食中毒を起こすことが時々起こります。

○スズラン──心臓疾患のある人は要注意！

野菜ではありませんが、庭に植えてあり、花瓶に生けてあることの多い花です。可憐な花の代表のようにいわれますが、実は猛毒を持っています。特に心臓に悪い毒ですから、心臓に疾患のある人は匂いを嗅いだりしないほうが無難です。スズランを生けた花瓶の水

を飲んだ子供が亡くなった事件もあります。

○ 救荒作物──彼岸花の根っこに注意！

昔は飢饉がありました。普段は食べずに、飢饉のときにだけ食べるために植えておく作物を救荒作物といいます。彼岸花はそのような作物です。**彼岸花の根にはリコリンが含まれていて食べることはできません。**しかしこれは水溶性ですから、念入りに水に晒してアク抜きすれば食べることができますが、美味しくはないようです。他に食物があるときには誰も食べようとしません。飢饉のときにだけ、仕方なく食べるのです。

彼岸花は種では増えず、人が球根を植えなければ生えません。彼岸花が田んぼの畔に多いのはモグラ除けです。お墓に彼岸花が多いのは、土葬の時代に大切な人の遺骸が動物に荒らされないように、との願いから人々が植えたものです。彼岸花は嫌われることもありますが、人々に寄り添ってきた花なのです。蘇鉄の実や栃の実も救荒作物の一種です。

日本にあるキノコの種類は 4000 種で、そのうち名前の付いているものは 1/3、毒キノコが 1/3 といわれます。**野生のキノコを見たら毒キノコと思え**、と考える方が安全です。

○スギヒラタケ──腎機能障害の人にリスク！

以前は食用とされていたキノコです。ところが 2004 年に腎機能障害を持つ人が食べて急性脳症を発症する事例が頻発しました。この年だけで 59 人が発症し、うち 17 人が亡くなりました。中には腎機能障害を持たない人もいました。なぜこの 1 年に集中したのか、その原因は解明されていませんが、それ以降、食べてはいけな

い毒キノコに指定されています。

○ニガクリタケ──煮ても毒性は消えない！

年中発生するキノコで、食用のクリタケに似ていますが食べると苦味があるそうです。ところが煮ると苦味が消えるので、誤食する人が多いといいます。毒素の構造はわかっていませんが、タンパク質ではないので、煮ても変性して無毒になることはありません。毒性は強く、死亡例も多いキノコです。ときおり、道の駅などで間違って売られていて問題になることがあります。このキノコを毒抜きして食べる地方があるといいますが、マネはしないことです。

○ヒトヨタケ──お酒といっしょに食べるとひどい目に！

成熟すると自己消化酵素が働き、一晩（一夜：ひとよ）で融けて黒い液体になるため、「ヒトヨタケ」の名前が付きました。このヒトヨタケ、お酒と一緒に食べると大変です。

二日酔いはエタノールが体内の酸化酵素によって酸化されて生じたアセトアルデヒドの害によって起こる現象です。ふつうならばアセトアルデヒドはやがて酸化酵素で酸化されて酢酸になり、それで二日酔いも解消されるはずですが、この**キノコの毒素コプリンはアセトアルデヒドの酸化を妨げる**のです。そのため、激しい二日酔いが数時間続きます。

治ったからといって安心はできません。この症状は1週間ほど続くといいます。つまり、翌日、お酒を飲んだらまた二日酔いです。断酒を誓う人には効果的かもしれませんが……。

○カエンタケ──人家近くで見かけるように！

以前は人家の近くでは見かけなかったキノコですが、近ごろは人家の近くに生えていたとして新聞種になることがあります。それく

らい特異なキノコです。名前の通り濃いオレンジ色で炎の形、ある
いは手をすぼめた形です。こんな不気味なキノコを食べる人はいな
いでしょうが、もし食べると命にかかわり、助かっても小脳萎縮が
起こるそうです。食べなくとも、触るだけで炎症を起こすそうです
から、触らぬ神に祟りなしです。

　梅雨どきはカビの時期です。キッチンのシンクや風呂場だけでな
く、食品にまでカビが生えます。カビの中にはチーズに付けるカビ
や、鰹節に付けるカビなど有益なものもありますが、中には猛毒を
持ったカビもいるので要注意です。

○アフラトキシン── ピーナッツバターに要注意！

　ピーナッツバターに生えることで知られる黄色いカビですが、コ
メなどの他の植物にも発生します。一過性の毒性の他に、植物最高
といわれる強い発ガン性を持ちます。

○麦角アルカロイド── 激痛＋幻覚・幻聴も！

　主にライ麦に生える麦角菌というカビがあります。これにあたる
と皮膚に吹き出物ができ、焼け火箸を当てられるような激痛が走る
とされます。それだけでなく、幻影や幻聴も出るというから恐ろし
い症状です。中世にヨーロッパを席巻した魔女裁判の犠牲者はこの
食中毒の患者だったのではないかという研究者もいます。

　被害は日本でも起きました。食料がひっ迫した第二次世界大戦末
期に福島県で笹に大量の実が成りました。これを食べた妊婦が何人
も流産したといいます。笹に付いた麦角菌の被害といわれています。

　毒素はリゼルグ酸です。そしてこの毒素を化学的に合成しようと
いう段階で偶然できたのが幻覚剤として有名なLSDだったのです。

残留農薬には要注意！

——毒性を弱めた農薬とポストハーベスト

　現代農業はすべてが合理化、機械化、化学化されています。一見のどかな田園風景に見えても、実態は工業、あるいは化学工業のような趣があります。

　肥料は化学肥料であり、病気対策に殺菌剤、害虫対策に殺虫剤、さらに除草剤などの農薬が惜しげもなく撒かれます。肥料はともかく、殺菌剤、殺虫剤は植物体に付着したまま、あるいは植物体内に残ったまま、消費者の口に入ることはないのでしょうか？

　公式の答えは「そのようなことはありません」です。現在の農薬は洗えば完全に落ち、植物体内に入っても一定期間後には分解して無毒になります。そのため、収穫の一定期間前以降は使いません。それに、効果が強い殺虫剤は人間にも危険なので、そのような殺虫剤はわざわざ分子構造を変化させて、効果を弱めています。

　「したがって問題はありません」……というのですが、やはり心配は残ります。無農薬野菜はとても高価なのに人気があるのはそのようなせいでしょう。

　昔の田んぼはイナゴやバッタで大賑わいでした。田んぼに近づいて稲を叩くと何匹ものイナゴが一斉に飛び立ったものでした。現在の田んぼは森閑としたものです。殺虫剤のおかげです。しかし、そ

のせいでドジョウやカエルがいなくなり、それを餌としていたトキ
やコウノトリが絶滅の危機に瀕したといわれます。

　すでに述べたように、20世紀中頃に発見された有機塩素化合物
DDTの殺虫効果のおかげで、BHC等の新しい有機塩素化合物が合
成されました（5章2節参照）。しかし、有機塩素化合物は人間に
対しても有害であり、その上いつまでも環境中に留まり、生物濃縮
されることがわかりました。

　下の表はPCBとDDTの濃度が海洋の表層水と水棲生物中でどの
ように変化するかを調査したデータです。表層水と最終濃縮体のス
ジイルカを比べるとPCBで1300万倍、DDTで3700万倍という、
ものすごい濃縮率で濃縮されていることがわかります。このような
ことで有機塩素系の殺虫剤は現在では姿を消してしまいました。

図6-6 ● 海洋表層水と水棲生物中のPCB・DDT濃度

	濃度（ppb）	
	PCB	DDT
表層水	0.00028	0.00014
動物プランクトン	1.8	1.7
濃縮率（倍）	6,400	12,000
ハダカイワシ	48	43
濃縮率（倍）	170,000	310,000
スルメイカ	68	22
濃縮率（倍）	240,000	160,000
スジイルカ	3,700	5,200
濃縮率（倍）	13,000,000	37,000,000

立川 涼、水質汚濁研究,11，12（1988）

　代わって登場したのが有機リン系殺虫剤です。これは昆虫の神経
伝達を阻害する殺虫剤です。このようなものとして当初開発された
のが、一時、中国製の餃子に混入して大きな問題となったメタミド
ホスやジクロルボスでした。

しかしこれらは殺虫効果（毒性）が強すぎたので、改良して毒性を弱めたのが、現在使われているパラチオン、スミチオン、マラソンなどの農薬です。化学兵器のサリンやソマンはこれらの化合物の毒性をさらに強めた狂気の化学物質ということができます。

最近の殺虫剤はネオニコチノイド系といわれるものです。これは分子構造がタバコの成分であるニコチンに似ているので付けられた名前であり、商品名イミドクロプリド、アセタミプリド、ジノテフランなどで販売されています。これも神経毒ですが、昆虫に優先的に作用して、人間には作用しないとされています。

最近問題になっている現象に世界的なミツバチ減少があります。これは、ネオニコチノイド系殺虫剤によってミツバチの帰巣本能が狂ったのではないか、との指摘があります。ミツバチの減少は事実ですが、その原因はまだ明確ではありません。正確な原因究明が待たれるところです。

農業に使われる殺菌剤にはいろいろの種類がありますが、毒性の強いことで知られるのが土壌殺菌剤のクロルピクリンです。クロルピクリンは第二次世界大戦でホスゲンとともに毒ガスとして使われたこともあるほど毒性が強く、事故や自殺による死者が多いことで知られます。

歴史的に有名な除草剤は 2,4-D です。これはベトナム戦争において米軍がベトナムのジャングルを枯らす目的で行なった「枯れ葉作戦」でベトナムのジャングルに大量に散布したものです。しかし、そのせいで現地では障害児が多く生まれたといわれ、その原因は2,4-D に不純物として含まれていたダイオキシンであるといわれ

ました。これが契機になってダイオキシンの毒性がクローズアップされたのでした。

　毒性の強い除草剤で有名なのはパラコートです。1985 年には 1 年間で 1021 人が亡くなったとの記録があります。多くは誤飲や自殺でしたが、同年に起こった、自販機にパラコート入りのジュースを置いておくというパラコート連続殺人事件では、12 件 12 人が亡くなりました。しかし犯人は不明のままです。

しょくひんの窓

「ポストハーベスト農薬」とはいわないだけ？

　農薬の中にポストハーベスト農薬（収穫後農薬）といわれる物があります。これは収穫して倉庫に収蔵される段階で散布されるもので、防カビ剤、殺菌剤などがあります。

　これは、外国では許可されているので輸入の穀物、作物には付着している可能性があります。毒性検査、分解検査の結果、問題はないことになっていますが、収穫後ということで、摂食時期に近いこともあり、気にする向きもあります。

　日本ではポストハーベスト農薬は禁止されていますが、カラクリが潜んでいるようです。

　日本のしくみでは、農薬というのは生きている作物に施す化学薬品を指す言葉であり、収穫以後の作物に施す化学薬品は農薬として分類しないしくみなのです。これらは食品添加物として分類されます。したがって、収穫後の作物に施す防カビ剤、殺菌剤は「食品添加物として認められている」のです。

　要するに「ポストハーベスト農薬は禁止」ではなく、「ポストハーベスト農薬とはいわない」だけなのです。

しょくひんの窓

豊かな食卓

　食卓とは、食品を並べて食べやすくするためだけにあるのではありません。食卓はその上に並べられた食品をいかに美しく、いかに美味しそうに見せるかという、大切な役割を負っているのです。

　ルネッサンス絵画の食卓によくある、彫刻に飾られた銀食器に盛られた色とりどりの果物などは、まさに食卓を豪華にする最高の飾りつけといえるでしょう。瀟洒なレースのテーブルクロスが花を添えました。

　食卓を飾るのは日本も同様でした。昔の日本では、正式の食事にはお膳を用いました。お膳は一人ひとりに用意されるもので、主菜を盛る一の膳（本膳）、副菜を盛る二の膳、三の膳などがあり、豪華な食事になると余（四）の膳、五の膳と続きました。

　お膳は漆と金彩で美しく飾られ、その上に置く食器も手の込んだ漆器、陶磁器で揃えられ、見ているだけで楽しくなるような物でした。

　しかし、日本ではサラダのように生の野菜、果実を独立した料理として一皿に盛ることはなく、多くの場合、主菜の付け合せとして、主菜の皿に盛りこむことが多かったようです。

　最近は座って食事をする機会がなくなり、お膳を使った昔ながらの会席料理をいただくことは少なくなりましたが、美しい伝統を残していきたいものです。

第7章

調味料は「5つの味」と「発酵」で考える

7-1 調味料は「味の引き立て役」

―― 日本、アジア、ヨーロッパの調味料探し

　調味料を使わない料理は「料理」といえないのかもしれません。生魚を切っただけの切り身も、実は醤油（調味料）とセットになって初めて「刺身」という料理になります。切ったり、ちぎったりしただけの野菜も、ドレッシングという調味料と一緒になると「サラダ」になります。

　<u>調味料の基本は「塩味、甘味、酸味、辛味、旨味」</u>でしょう。その他には、各種ハーブの「香り」も料理には効いてきます。このような基本的な調味料の他に基本味をブレンドし、それに特有の味や香りを加味した調味料もあります。世界の調味料を見てみましょう。

　日本には多くの調味料がありますが、<u>日本の調味料の特徴はその多くが発酵食品であること</u>です。

　○**味噌**：大豆を煮て、そこに麹、塩を混ぜて発酵したのが味噌です。麹は豆、コメ、麦などからつくられ、その種類によって米味噌（米麹）、麦味噌（麦麹）、豆味噌（豆麹）と呼ばれます。また、発酵期間の長短によって白味噌（短期発酵）、赤味噌（長期発酵）などがあります。

　○**醤油**：大豆と小麦の混合物を煮た後、麦麹を混ぜて発酵させ、

ろ過した液体です。

○魚醤：醤油の大豆の代わりにイワシ、ハタハタ等の生の小魚を使ったのが「魚醤」です。**秋田のしょっつる、能登半島のいしるなどが魚醤として有名**です。魚醤に対して、ふつうの醤油のことを**穀醤**ということがあります。

○酢：穀物を酵母によってアルコール発酵させた後、酢酸菌による酢酸発酵でエタノールを酢酸に変え、ろ過した液体です。

○味醂：蒸したもち米に米麹と焼酎を加えて発酵させ、ろ過した液体です。もち米が糖化してブドウ糖になりますが、焼酎のアルコール分によってアルコール発酵が起きないのでブドウ糖が残り、甘くなります。アルコール量は日本酒と同程度です。江戸時代には味醂は飲料とされました。

図 7-1 ● 味醂は「もち米＋米麹＋焼酎」で

アジアの調味料も日本の調味料と同じく、発酵を利用した物が多いのが特徴です。唐辛子を使うため、辛い物が多いようです。

○醤：日本の味噌に相当するものです。原料に豆を使う穀醤、肉を使う肉醤があります。中国のトウバンジャン、テンメンジャン、朝鮮半島のコチュジャン、テンジャンなどが有名です。

○**魚醤**：基本的に日本の魚醤と同じです。中国のユールー、韓国のエクッチョ、ベトナムのニョクマム、タイのナンプラーなどがあります。

○**ダシダ**：牛肉ベースのコンソメを濃縮粉末化した物で、味の素の韓国版のような用い方をされます。

○**五香粉**（ウーシャンフェン）：中国の代表的な混合香辛料です。シナモン、クローブ、花椒、フェンネル、八角などの粉末を混ぜてつくられます。

○**ガラムマサラ**：インドの香辛料で、シナモン、クローブ、ナツメグ等の粉を混ぜた調味料です。

　ヨーロッパはバターやクリームで味を付ける場合が多く、調味料の種類は多くないようです。アジアと違って発酵系の物は多くはありません。

○**ワインビネガー**：ワインからつくった酢です。

○**バルサミコ酢**：上記のワインビネガーを長期間熟成させたものがバルサミコ酢です。

○**ウスターソース**：モルトビネガーに漬けて発酵させた玉ねぎをベースに、アンチョビ、各種香料を加えたものです。

○**トマトケチャップ**：完熟トマトを煮詰めたトマトピューレに、砂糖、塩、酢、各種香料を加えたものです。

○**マスタード**：カラシナの種子（カラシ）の粉末に、水や酢、糖類、小麦粉などを加えて練り上げたものです。

○**マヨネーズ**：食用油、卵、酢を混ぜた乳液状のものです。マヨネーズはスペインが発祥とされます。

単独のバターやチーズ、あるいはワイン、オリーブ油を調味料と考えるかどうかは微妙ですが、ヨーロッパ料理にこれらの物が欠かせないのは確かであり、料理の味にも大きく影響しています。

これらの他、世界では以下のような調味料が使われています。

○**ハリッサ**：赤唐辛子をベースに、ニンニク、オリーブオイルと各種香料を加えたものです。アフリカ各国で用いられます。

○**タバスコ**：磨りつぶした唐辛子に岩塩、穀物酢を加え、オーク材の樽に詰めて発酵させます。約3年間熟成させた後、酢を加えて完成です。アメリカでつくられました。

○**タヒン**：メキシコの調味料です。唐辛子の粉末と乾燥させたライムジュース、さらに塩味のシーズニングスパイスを混ぜてつくられます。

しょくひんの窓

ポン酢とは日本語？

商品名としてもよく知られた日本の調味料に**ポン酢**があります。「ポン＋酢」とは変わった名前ですが、これはオランダ語の「ポンス（pons）」に由来するものだそうです。ポンスとは、蒸留酒に柑橘類のしぼり汁や砂糖、スパイスを混ぜたカクテルであったといいます。これが江戸時代になると橙のしぼり汁そのものを「ポンス」というようになり、やがてそれに醤油を加えた物をポンズ醤油というようになり、やがて「醤油」の文字が抜けて「ポンズ」あるいは「ポン酢」というようになったといいます。

調味料にも栄養価がある

── 味噌、醤油、お酢などのカロリー比べ

　調味料は少量で料理の味を決定する物であり、たくさん食べる物ではありません。栄養価を問題にするような物ではありませんが、まとめてみました。

図 7-2 ● 調味料の栄養価（カロリー）

100g あたり

	カロリー	水分	タンパク質	全脂質	飽和脂肪酸	コレステロール	炭水化物	食物繊維	食塩相当量
	kcal	g	g	g	g	mg	g	g	g
醤油（濃口）	71	67.1	7.7	0	0	(0)	7.9	(Tr)	14.5
醤油（薄口）	60	69.7	5.7	0	―	(0)	5.8	(Tr)	16.0
味噌（甘）	217	42.6	9.7	3.0	0.49	(0)	37.9	5.6	6.1
米酢	46	87.9	0.2	0	―	(0)	7.4	0.1	0
ウスターソース	119	61.3	1.0	0.1	0.01	―	27.1	0.5	8.5
食塩	0	0.1	0	―	―	(0)	0	(0)	99.5
トマトケチャップ	121	66.0	1.6	0.2	0.01	0	27.6	1.7	13.1
マヨネーズ	706	16.6	1.4	76.0	6.07	55	3.6	(0)	1.9
上白糖（車糖）	384	0.7	(0)	(0)	―	(0)	99.3	(0)	0

日本食品標準成分表（7訂）より　　Tr＝微量、(0)＝文献等から含まれていないと推定

　醤油と味噌を比較すると、味噌の方がカロリー、炭水化物、食物繊維が多くなっていることがわかります。これは味噌の方が大豆成分をソックリ残していることに由来します。<u>大豆に入っていたセル</u>

ロース、細胞膜が味噌にはそのまま残っています。それに対して醤油は、いわば味噌をろ過した液体部分のような物です。食塩量が醤油の方が 2 倍ほどになっているのはサンプルが甘味噌だったからであり、辛味噌なら醤油と同じ程度になります（7 章 3 節コラム参照）。

　酢のカロリーは意外と低いようです。タンパク質も炭水化物も少なく、まさしく酸っぱみだけ、という調味料といえそうです。

　カロリーが並はずれて高いのはマヨネーズ（706kcal）です。マヨネーズは食用油、卵と高カロリー食品を原料とするものですから当然です。脂質、コレステロールが調味料中ダントツなのもそれぞれ油、卵のせいです。その割にはタンパク質が少ないようです。

　芸人さんが駆け出しの売れない頃に、ご飯にマヨネーズをかけて食事にしていたという話を聞きますが、栄養的には十分かもしれません。これに納豆でも足せば文句なしでしょう。

　食塩と砂糖は食物の中では例外的に純粋物質です。食品でこれ以外の純粋物質は水と味の素くらいではないでしょうか？　したがって食塩の中には食塩しか入っていませんし、砂糖の中には炭水化物しか入っていません。

　無機物である塩は代謝されることがありませんから、カロリーもゼロというわけです。それに対して炭水化物の上白糖は 384kcal もありますが、これは 1g の炭水化物が代謝されて生じるエネルギーが 1g 当たり 4kcal であることを忠実に反映したまでのことです。

食卓の塩は NaCl ではない！

―― 昔の製法・今の製法で味は変わったか？

　塩（塩化ナトリウム）は調味料の基本であるばかりでなく、すべての生物にとって欠かせないものです。塩は細胞の浸透圧を調節し、動物では神経細胞の情報伝達に重要な役割を果たしています。ただし、塩を摂りすぎると血管内の浸透圧が高くなり、バランスを取るために血管に血管外の水が入り込みます。その結果、血液の量が増え、血管が満杯になって血圧が上がることになります。

　塩をどのようにして手に入れるかは、人類にとって大問題です。岩塩が取れる国ならば塩を掘ってくれば済みますが、日本ではそうはいきません。

　その代わり、日本は四方を海で囲まれ、海水には約 3% の塩が含まれています。だったら、海水を汲んできて蒸発させれば塩ができるだろう、と安易に考えてしまいます。原理的には確かにその通りですが、実際にやろうとするといろいろ問題が起こります。

　日本の製塩法は「採鹹（さいかん）」と「煎熬（せんごう）」に分けて行なわれます。採鹹は海水を自然乾燥して濃い塩水、鹹水（かんすい）をつくる段階をいい、煎熬とは鹹水を加熱濃縮して塩をつくる段階のことです。

　最初から海水を煮沸乾燥したほうが早いのですが、それでは燃料代が大変です。採鹹はいわば、燃料節約のために太陽熱を利用する

のであり、現代の太陽電池利用のようなものといえるでしょう。

古来の日本の製塩法は『万葉集』にも詠まれています。

　　　〜来ぬ人を　まつほの浦の夕なぎに

　　　　　焼くや藻塩の　身もこがれつつ〜

この「藻塩を焼く」操作が製塩なのです。すなわち、海藻に海水を振りかけながら乾燥させ、海藻に塩を析出させます。その後、海藻を容器に入れ、海水で塩分を洗い流した後（採鹹）、洗浄水を火にかけて濃縮するのです（煎熬）。

あるいは砂浜に海水を撒いて乾燥させます。これを何回となく繰り返すと、表面の砂に塩分が濃縮され析出します。この砂を集めて容器に入れ、海水で洗って高塩分の塩水をつくった（採鹹）後、濃縮して塩を析出させます（煎熬）。大量生産にはこの方が向いているようです。

しかし、忙しい現代、このような優雅な方法で塩をつくっていたのでは、大相撲で撒く塩にだって足りなくなります。そこで1972年に登場したのが、採鹹に「イオン交換膜」、煎熬に「真空式蒸発缶」を用いるという、二重に科学的な方法でした。

イオン交換膜というのは、特定のイオンだけを通す高分子（プラスチック）膜のことをいいます。次ページの図のように海水を入れた電極付き容器に陽イオン交換膜と陰イオン交換膜を交互に平行に何枚もセットします。電極に直流を流すと Na^+ は陰極側に、Cl^- は陽極側に移動します。

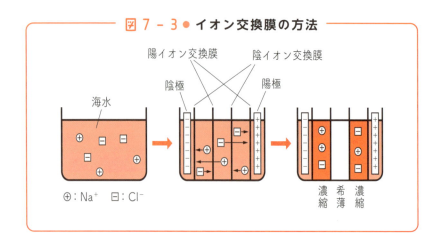

しかしNa⁺は、陽イオン交換膜は通過できますが、陰イオン交換膜は通過できません。反対にCl⁻は、陰イオン交換膜は通過できますが、陽イオン交換膜は通過できません。その結果、イオン交換膜の間に1か所おきに塩分濃度の高いところ（20％）と低いところができることになります。

このようにして得た塩分濃度の高い鹹水を、次の真空蒸発缶に送ります。この装置に鹹水を入れて加熱蒸発し、装置内を水蒸気で満たします。その後、装置を密閉して水蒸気を入れた部分を冷却するのです。すると水蒸気は凝結して体積が減少するので装置内は減圧状態（0.07気圧！）になり、蒸発が加速されるというわけです。

この方式により、製塩量は飛躍的に向上しました。しかし、問題は塩の味です。「塩」というのは単に「しょっぱい」だけではありません。「塩」は塩化ナトリウムNaClという、純粋な化学薬品ではありません。「食塩」という食品なのです。

つまり、「しょっぱさ以外の味」があるのです。人によっては現代の塩は不味くなった、そのおかげで漬物が痛辛く、味噌も醤油も

味が平板になったといいます。

それではイオン交換式になって塩の純度は変化したのでしょうか？　グラフは塩事業センターが販売している塩におけるNaClと不純物の平均濃度の年次変化を表したものです。製塩法の切り替わった1972年の前後でNaCl濃度に変化はありません。日本の塩は昔から高濃度の高品質塩だったのです。

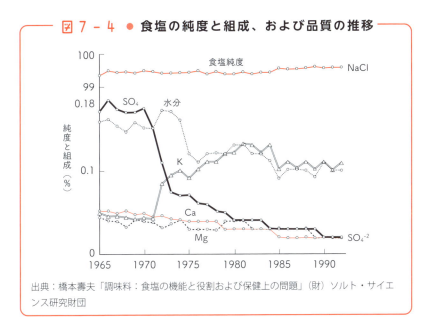

図7-4 ● 食塩の純度と組成、および品質の推移

出典：橋本壽夫「調味料：食塩の機能と役割および保健上の問題」(財)ソルト・サイエンス研究財団

しかし、大きく変化しているものがあります。それは、**カリウムイオンK^+が倍増し、硫酸イオンSO_4^{2-}が激減している**ことです。味の違いはこの辺りが影響しているのかもしれません。

ちなみに塩事業センターが販売している塩の純度は、高いものから順に、精製特級塩（99.7%以上）、特級塩（99.5%以上）、食塩（99%以上）、並塩（95%以上）となっています。

しょくひんの窓

健康としょっぱさ

健康のために減塩に気を配っておられる方も多いでしょう。どのような食品にどの程度の食塩が含まれているかを、しょっぱいことで知られる食品について表にまとめました。

100gあたりの塩分量

1	梅干し	22.1	9	イカの塩辛	6.9
2	アミの塩辛	19.8	10	海苔の佃煮	5.8
3	醤油（薄口）	16.0	11	とんかつソース	5.6
4	醤油（濃口）	14.5	12	生ハム	5.6
5	米味噌（赤）	13.0	13	めんたいこ	5.6
6	米味噌（白）	12.4	14	すじこ	4.6
7	豆味噌	10.9	15	たらこ	4.6
8	麦味噌	10.7			g/100g

梅干しは酸っぱいだけでなく、しょっぱいことでもピカイチです。薄口醤油は料理の色を濃くしないために用いられるものですから、少量でしょっぱくなるように塩分濃度を高めています。米味噌は豆味噌や麦味噌より塩分濃度が高くなっています。

イカの塩辛は思ったほど塩分濃度は高くないようですが、アミの塩辛は思いっきり塩分量が高くなっています。生ハムが筋子やタラコより高いのは意外かもしれません。魚卵製品では明太子が最も高くなっています。

7-4 人工甘味料は「たまたま」できただけ？

―― 天然甘味料と人工甘味料

　味覚には「甘味、塩味、酸味、苦味、旨味」の5つの味がありますが、中でも人間が最も好む一つが「甘味」ではないでしょうか。

　平安の昔に清少納言は『枕草子』の中で美味しいものとして「氷にあまずらをかけたもの」といっています。あまずらとは「甘葛(あまづた)」という植物を煎じた甘い汁です。さしずめ現代の氷水でしょう。

　あまずらのように甘いものは自然界にたくさんありますが、現代人にとって甘味料の代表は砂糖（学名ショ糖、スクロース）でしょう。

　一口に砂糖といっても、次ページの分類を見ればわかるように、実は、砂糖にも多くの種類があります。砂糖の原料にはサトウキビと砂糖大根があります。日本では例外を除けば、そのすべてはサトウキビです。

　サトウキビの汁を濃縮すると、砂糖の結晶と、結晶にならないドロドロの蜜に分かれます。この混合物を遠心分離器にかけて分離し、結晶の部分だけを取り出したものが**分蜜糖**であり、それを精製したものがいわゆるふつうの砂糖になりますが、それは純度によってザラメ（双目）糖、車（クルマ）糖、液糖に分かれます。

ザラメ糖を細かくしたものがグラニュー糖です。家庭で一般的に使われる上白糖と呼ばれるものは細かいグラニュー糖に転化糖を加えたもの、三温糖は砂糖を加熱して焦がしたカラメルを加えたものです。

一方、蜜を分離しない状態で精製を行なったのが含蜜糖であり、カリントウに使う黒砂糖や高級和菓子に欠かせない和三盆はこの種類になります。

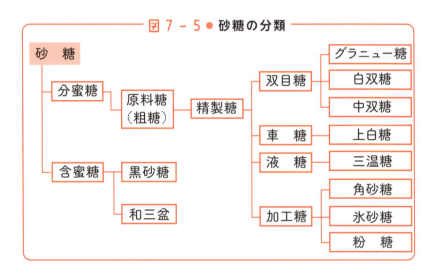

図 7-5 ● 砂糖の分類

しかし、自然界にある甘味成分は砂糖だけではありません。先に見たブドウ糖（グルコース）、果糖（フルクトース）、リンゴの蜜のソルビトールなども天然の甘味料です（6章2節参照）。代表的な物を見てみましょう。カッコ内の数値は砂糖の甘味を1とした場合の相対的甘さを表します。

○ブドウ糖（砂糖の 0.6〜0.7 倍。以下同様）：砂糖や乳糖の原料であり、デンプンやセルロースの単位分子です。

○果糖（1.2〜1.5）：砂糖の原料です。冷たいと甘味が強く感

じられます。果実を冷やすと甘く感じられるのはこのせいです。

○**トレハロース**（0.45）：以前は酵母から得ていましたが、現在はデンプンから合成するため大量合成が可能になりました。保水力が高く、化粧品などにも使われます。

○**キシリトール**（砂糖と同程度）：カバノキから得られます。カロリーが砂糖の60%程度しかなく、虫歯にならない糖類として知られています。

○**ソルビトール**（0.6）：6章2節で見たように、<u>リンゴの蜜の成分</u>です。砂糖の75%のカロリーであり、保水性があります。水に溶けるときに吸熱するのでヒンヤリ感があります。

○**ステビオシド**（300）：天然甘味料の中で最も甘い物です。南米の多年草ステビアから採ります。薬用効果があるということで、研究が進められています。

　自動販売機には数多くの飲み物が並んでいます。ほとんどの飲み物には甘味がありますが、成分表示に「砂糖」と書いてある物は多くありません。これらの飲み物の甘味は何からきているのでしょうか？　実は、その多くは**人工甘味料**といわれるものです。

　人工甘味料は、天然の甘味料とは縁もユカリもない物質です。科学者でさえ、これらの人工甘味料の分子構造を見ても、甘い理由は思い浮かびません。それだけに、新しい人工甘味料をつくろうと思っても、意図してつくれるものではありません。「たまたまできた化学物質を舐めてみたら、たまたま甘かった……」というだけです。それだけに安全性が問題になり、これまでに使用禁止になった物もあります。

○**サッカリン**（350）：1878 年にアメリカで合成された世界初の合成甘味料です。第一次世界大戦で甘い物が不足したときに爆発的に売れ、一躍有名になりました。しかし発ガン性が指摘され、1977 年に使用禁止になりました。ところが 1991 年にはこの疑いが晴れ、改めて使用許可が出ました。**砂糖に比べてカロリーが無視できるほど小さいので糖尿病患者などに利用**されます。

○**ズルチン**（250）：1937 年に発明されましたが、毒性のために 1969 年に使用禁止になりました。

○**チクロ**（30 〜 50）：危険性が指摘されましたが、その扱いは国によって違いがあります。日本では全面禁止ですが、EU、カナダ、中米諸国では使用が許されています。輸入食品に使われていることがあり、問題になります。

○**アスパルテーム**（200）：現在の清涼飲料水に入っている甘味料の中でも多いのがアスパルテームです。これは**必須アミノ酸のアスパラギン酸とフェニルアラニンが結合したものであり、いわばタンパク質に近い**ものです。このような物に甘味があるとは誰も考えなかったので、驚きをもって迎えられました。フェニルアラニンは先天性障害のフェニルケトン尿症の患者には毒物として働くので注意しなければなりません。

○**アセスルファム K**（200）：アスパルテームと併用すると砂糖と似た味がするということから、セットでよく使われています。

○**スクラロース**（600）：砂糖の化学名スクロースに似た名前です。名前の通り、分子構造はスクロース（砂糖）にソックリです。つまり、スクロースに 8 個あるヒドロキシ基 OH のうち、3

個が塩素原子に置き換わった有機塩素化合物なのです。有機塩素化合物はかつて殺虫剤の DDT や BHC として用いられ、現在では PCB やダイオキシンとして公害物質の代表のように扱われていることから、安全性に疑問を持つ向きもあります。

○ラグドゥネーム（30 万）：現在知られている最も甘い化学物質です。未だ認可されていませんから、味わうことはできません。

しょくひんの窓

皇帝ネロやベートーベンは鉛中毒？

「土糖（つちとう）」とは何のことでしょうか。あまり聞くことはありませんが、酢酸鉛のことです。酢酸は食酢の成分ですが、鉛と反応すると甘い酢酸鉛になるのです。

ローマ時代のワインは酢っぱかったようです。酢っぱさの原因はワインに含まれる酒石酸です。このワインを鉛の鍋で加熱すると酒石酸が鉛と反応して甘い酒石酸鉛になります。皇帝ネロはとりわけこのホットワインが好きだったとされています。しかし鉛は強い神経毒性を持っています。ネロが暴君になったのも、この鉛中毒のせいではないかという説もあるほどです。

近世のヨーロッパでは、ワインに炭酸鉛の白い粉（昔の化粧用の白粉です）を振って飲む習慣がありました。酒石酸鉛にして甘くするためです。ベートーベンはこのようにしたワインが好きだったといいます。ベートーベンが難聴になったのは鉛中毒のせいかもしれません。

7-5 「第6の味」が見つかった！

──「甘味・塩味・酸味・苦味・旨味」の正体はなにか？

　味覚の研究が欧米主導で進んでいた頃は、味は「塩味、甘味、酸味、苦味」の4種とされていました。そこに日本人の感覚である「旨味」を加えたのは、日本人の味覚が鋭敏であることを証明した出来事でした。

　旨味の素とされる化学物質はいくつかありますが、最も有名なものは昆布から発見され、味の素の商品名で市販されたグルタミン酸ナトリウムでしょう。グルタミン酸はタンパク質をつくるアミノ酸の一種です。完熟したトマトも多量のグルタミン酸を含むことが知られています。

　シイタケの旨味とされるグアニル酸と、鰹節の旨味とされるイノシン酸は共に核酸の成分であり、DNAなどが分解して生じる物です。また、貝の旨味はコハク酸であり、これは日本酒の旨味と同じものです。辛口の日本酒は多くのコハク酸を含むといわれます。

　塩基には固有の味はありませんが、酸には特有の味があります。それが酸味です。酸味は水素イオンH^+の味と見ることができるでしょう。

　食品として扱う酸味の成分は2種あります。食酢の酸味と梅干しやレモンのような果実の酸味です。違いはハッキリしています。

食酢の酸味は酢酸 CH₃COOH によるものです。それに対して果実の酸味はクエン酸によるものです。酢酸には固有の匂いがあります。食酢の匂いは酢酸の匂いによるものです。それに対して、クエン酸に匂いはありません。レモンなどの香りはクエン酸以外の成分による匂いです。

　酢酸にもクエン酸にも殺菌作用・抗菌作用がありますから、その意味でも料理に使うと便利かもしれません。

　苦味は本来、不快な味です。甘味や旨味とは違います。そのため、毒物に対する警戒信号と考えられているのです。苦味を感じる苦味物質はたくさんありますが、コーヒー、ビール、ゴーヤの苦味がそれぞれ異なるように、広く食品に共通する苦味成分というものはないようです。

　味盲症という体質の人がいます。味がわからないわけではありません。フェニルチオカルバミド PTC の苦みを感じることができない症状のことをいいます。遺伝的なものであり、劣性遺伝することが知られています。味盲者の出現頻度には人種差や地域差があり、白人には多く 25 〜 30% になりますが、黄色人種や黒人では少なく、日本人では 8 〜 12% といわれます。

　食品はたくさんあるのに、辛味は味の五味には入っていません。

　それは、辛味は味覚ではないと考えられているからです。辛みは味覚ではなく、痛覚、つまり触覚の一種と考えられているのです。このような考え方が正しいかどうかはともかくとして、辛味の程度は数値として表すことができるようです。それは辛味を与える成分がカプサイシンという化学物質だけだと断定することから始まりま

す。だとしたら、辛味の程度はカプサイシンの濃度によって一義的に決まります。このようにして定義された指標が**スコヴィル**です。

つまりカプサイシン濃度1ppm＝5スコヴィルと定義します。

各種の辛味物質のスコヴィル値を表に示しました。日本産の唐辛子は10万程度ですが、世界的に最高の物は300万です。

図7-6 ● 主な激辛唐辛子の辛さランキング

名称	主な生産地	スコヴィル値
1　ペッパーX	アメリカ	318万スコヴィル
2　ドラゴンズ・ブレス・チリ	イギリス	240万
3　キャロライナ・リーパー	アメリカ	220万
4　ブート・ジョロキア	インド	220万
5　ドーセット・ナガ	インド	160万
6　トリニダード・モルガ・スコーピオン	アメリカ	150万
7　トリニダード・スコーピオン・ブッチ・テイラー	アメリカ	146万
8　ナーガ・ヴァイパー	イギリス	138万
9　インフィニティ・チリ	イギリス	106万
10　SBカプマックス	日本	65万

出典：「いつか役立つ豆知識　2018最新　世界一辛い唐辛子ランキング20選」をもとに、スコヴィル値でランキング化

しかし、「からい」という感覚には、実はいろいろあるようです。日本文化圏の人が「からい」と感じるワサビは、他の文化圏の人には「からい」以外の感覚ととらえられるようです。そういわれれば、ワサビの鼻に抜けるカラミは、辛子の舌にくるカラミとは異質の感じもします。

欧米で採用されていた4種の味「塩味、甘味、酸味、苦味」に5番目の「旨味」が加わったせいでもないでしょうが、最近、6番目の基本味を加えようとする動きがあります。そのような味の候補

として現在、次の三つが挙げられています。

○**カルシウム味**：**カルシウム味は牛乳の味**といいます。マウスの場合、カルシウムに対する味覚は独立した味覚であり、他の要素に影響されないようだといいます。

○**脂味（あぶらみ）**：人間は脂を含む飲料と含まない飲料を識別できるといいます。しかし、それが脂単独の味なのか、脂に常に付随する不純物の味なのかを識別するのが困難といいます。

○**コク味**：多くの食材が絡み合ってできる複雑な味、つまり「コク」のある旨味は存在します。しかし、この「コク」を単独で表現できる化学物質があるというのは驚きです。それが「グルタチオン」というもので、アミノ酸が3個結合したものです。グルタチオンはそれ自体には味がありませんが、ある基本味が他の基本味に広がる可能性や、その味覚の持続する時間に影響を与えるといいます。「スプーン一杯コクの素」というようなコマーシャルが聞こえてきそうな気がします。

しょくひんの窓

ワサビの香り

ワサビの香りは日本料理を代表する香りといってもよいでしょう。ワサビの香りはイソチオシアネートという分子の香りですが、ワサビの中にこの分子があるわけではありません。ワサビの中にあるのはシニグリンという分子ですが、ワサビをすり下ろすとワサビの中にある酵素とシニグリンが一緒になり、シニグリンが酵素によって変形を受けてイソチオシアネートになるのです。

ところが、このイソチオシアネートは大変に揮発しやすい分子であり、放置すると直ぐに揮発して、ワサビの香りは抜けてしまいます。家庭でお馴染みのチューブ入りワサビを開発するときにネックになったのがこの揮発性でした。

　それを救ったのがブドウ糖です。ブドウ糖分子は六角凧（たこ）のような形をしていますが、これを5、6個円形につないだ分子があります。シクロデキストリンといいます。この分子の立体構造はまるで六角凧を繋いだ桶のような形をしています。

　一般に分子はネコが鍋の中に丸くなるように、他の分子に囲まれるのを好む性質があります。これを**ファンデルワールス力**（りょく）といいます。そのため、ワサビの香りのイソチオシアネートはシクロデキストリンの中にスッポリと収まって、揮発するのを忘れてしまうというわけです。

　チューブ入りワサビの中にはシクロデキストリンに収まったイソチオシアネートが大人しくして入っています。チューブから出て醤油に溶けるとシクロデキストリンが溶けて、イソチオシアネートが飛び出して一気に香りが立つというわけです。

7-6 発酵調味料を科学の目で見ると
―― 味噌・醤油・酢・味醂はどうつくる？

調味料の種類はたくさんありますが、その多くは**発酵食品**です。つまり、日本の味噌、醤油、酢、味醂はもとより、アジアの醤(ジャン)類、魚醤類、あるいはアメリカのタバスコなどは皆発酵を利用してつくっています。ヨーロッパのウスターソースも発酵を利用しているといえます。ここではいくつかの発酵調味料のつくり方を見てみましょう。

味噌は茹でた大豆に塩と麹を加えて発酵させてつくります。味噌づくりに用いる麹にはコメからつくった米麹、麦からつくった麦麹、大豆からつくった豆麹があり、それぞれ米味噌、麦味噌、豆味噌と呼ばれます。

味噌には赤味噌と白味噌がありますが、これは原料の違いによるものではなく、熟成期間の長短によるものです。米麹を多く使用すると熟成期間が短くて済むので、白味噌となります。それに対して麦麹や豆麹を使うと熟成期間が長くなり、赤くなります。これは糖とタンパク質が起こす複雑な反応、**メイラード反応**によるものです。

一般に白味噌は甘く、赤味噌は味にコクがある傾向にあります。

醤油は味噌をさらに発酵させたものと考えることができます。味噌をつくる際に、味噌の上部に液体が浮いてきますが、それを集めた物が醤油の起源と考えられています。醤油にはいくつかの種類があります。

一般的なのは濃口醤油で、醤油生産高の約 8 割を占めます。江戸時代中期の関東地方で発祥しました。原料には大豆と小麦を用い、その比率は半々程度です。

薄口醤油は色が薄く、塩味の強い醤油です。薄口といっても、塩分が薄いわけではなく、逆に濃口より 1 割ほど高いのです。その分、使用量が少なくて済み、料理に醤油の色が出ないので素材の彩りを生かす京料理などに使われます。

再仕込み醤油は甘露醤油とも呼ばれ、風味、色ともに濃厚です。この醤油は仕込みの際に塩水の代わりに醤油を用いるので再仕込みと呼ばれます。原料は大豆が少なく、小麦が中心です。

酢には 3 ～ 4% 程度の酢酸が含まれます。酢のつくり方の基本は穀物をアルコール発酵させてつくったエタノールを、酢酸菌によって酢酸にするというものです。

酢にはいろいろの種類がありますが、日本で使われるのはコメからつくった米酢（こめず、べいず）とそのほかの穀物からつくった穀物酢です。米酢にはクエン酸も入っています。ヨーロッパではワインからつくるワインビネガー、あるいはそれをさらに数年間熟成させたバルサミコ酢などがあります。

味醂は日本料理に甘さを加える調味料で、一種のお酒です。甘味

のある黄色の液体であり、40 〜 50% の糖分と、14% 程度のアルコール分を含みます。

　味醂は、蒸したもち米に米麹を混ぜ、焼酎を加えて、60 日間ほど発酵した後、濾過します。この間に麹菌によってもち米のデンプンが糖化され、甘みが生じます。しかし、最初にアルコール分が入っているので酵母菌によるアルコール発酵が起こりません。そのため日本酒よりも甘くなります。味醂は白酒や屠蘇酒の材料としても使われます。

しょくひんの窓

甘酒と白酒は同じもの？

　おひなさまで飲む白い飲み物は「白酒」、夏の境内でヨシズに囲まれて飲む白い飲み物は「甘酒」です。似ていますが同じ物でしょうか？

　甘酒と白酒は、まったく違うものです。甘酒はご飯やおかゆに米麹を働かせてデンプンを糖化させたもので、アルコールをほとんど含まない甘い飲み物です。

　それに対して白酒は、味醂や焼酎に蒸したもち米や米麹を加えてアルコール発酵させたものです。したがって 9%ほどのアルコールを含み、酒税法ではリキュールに分類されます。

　甘酒を飲んでクルマを運転しても問題はありませんが、白酒を飲んだら運転はできません。

しょくひんの窓

酒器

　「発酵」と来たら、次に続くのは「お酒」です。お酒は不思議な食品です。通常は飲み物のはずですが、日本料理の調味料としても欠かせません。魚の煮物にお酒は欠かせませんし、照り焼きのタレにも味醂が入ります。エビの酒蒸しなどでは調味料以上の働きをしますし、横山大観などは主食としていました。

　お酒に付き物なのは酒器です。お雛様の白酒をいただくときには、上品に三つ重ねの塗りの盃などでいきたいものですが、ふだんはやはり洒落た徳利に手に馴染んだぐい飲みといくのではないでしょうか。片口もなかなかよいもので、一人で傾ける時には最高です。居酒屋で飲むときには、やはり一升瓶から注ぐコップではないでしょうか。マスに溢れた酒を飲む、などというのは居酒屋以外では無理というものでしょう。

　ヨーロッパでは、酒器はもっぱらお酒を受けるグラスのようです。ワインをデキャンターに入れることもありますが、ワインにしろ、ブランデーにしろ、多くはボトルから直接グラスに注ぎます。

　グラスの材質はガラス、あるいはクリスタルグラスで、カットやエッチングが入ることもあります。その形はいろいろで、飲むお酒の種類によってほぼ決まっています。決まっているというのは、香りを楽しむお酒には口の窄(すぼ)まったグラス、冷たいまま飲むお酒は長いステム（グラスの脚）、というようにヨーロッパらしい合理性が見えるところがまた、楽しいですね。

シェリー　ワイン　シャンパン　カクテル　ブランデー　ゴブレット　オンザロック　タンブラー

第8章

ミルクとタマゴは完全栄養食

ミルクの成分と特徴は？

――なぜブドウ糖ではなく、面倒な乳糖が入っているのか？

　ミルク（乳汁）は哺乳類の母親が自分の子供を育てるために分泌する体液です。自力で外部から栄養分を摂取することのできない乳児に成長に十分な栄養を与えるものですが、<u>十分な栄養素ばかりでなく、免疫抗体なども含まれた</u>「完全栄養食品」といえるものです。

　すべての哺乳類がその種固有のミルクを分泌しますが、その成分の種類は種の間に大きな違いはないことがわかっています。しかし

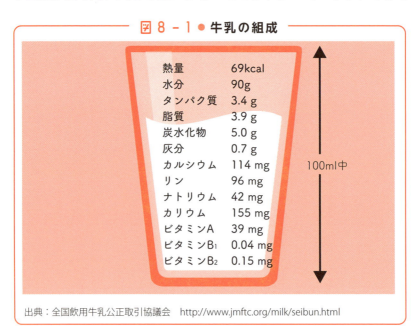

図 8-1 ● 牛乳の組成

	100ml中
熱量	69kcal
水分	90g
タンパク質	3.4 g
脂質	3.9 g
炭水化物	5.0 g
灰分	0.7 g
カルシウム	114 mg
リン	96 mg
ナトリウム	42 mg
カリウム	155 mg
ビタミンA	39 mg
ビタミンB₁	0.04 mg
ビタミンB₂	0.15 mg

出典：全国飲用牛乳公正取引協議会　http://www.jmftc.org/milk/seibun.html

濃度には違いがあります。

牛乳を例にとってその成分と濃度を示しました。

もちろん最も多いのは水分であり、90%ほどを占めます。残りの固形分は脂肪分と無脂固形分です。牛乳の脂肪分は、動物性脂肪であるため飽和脂肪酸の比率が高く（肉類より多い）、健康上の懸念のため脂肪分を除去した低脂肪牛乳が製造されています。

無脂固形分にはタンパク質、乳糖、ビタミンや灰分とも呼ばれるミネラルが含まれます。**牛乳の乳糖含有率は約5%ですが、人間や馬の場合には7%**を越えます。

乳糖はミルク固有の糖であり、2種類の単糖類、ブドウ糖とガラクトースからできています。乳糖は乳児の重要なエネルギー源ですが、体内で消化、加水分解されてブドウ糖とガラクトースになります。

その後、ブドウ糖はそのまま代謝系に入って分解されてエネルギーとなりますが、ガラクトースは肝臓でブドウ糖に変換されたのち、代謝系に入ります。

そんな面倒なことをせずとも、最初からブドウ糖だけ、つまりブドウ糖が2個結合した麦芽糖を乳糖の代わりにミルクに入れておけばよいものを……と思いますが、そうはいかない事情があります。

というのは、**細胞にはブドウ糖を受け入れる許容限度があり、それを越えると拒否反応を起こして糖尿病になってしまう**からです。

ということで、窮余の一策として、ブドウ糖をガラクトースに変装させて忍び込ませているのです。もっとも、その結果、厄介な問題が起きるのですが、それは後に見ることにしましょう。

第8章

ミルクとタマゴは完全栄養食

なぜ、日本には液体ミルクがなかった？

―― ヒ素ミルク事件　1955

　粉ミルクは水で薄めて規定の濃度にして、母乳の代わりに赤ちゃんに与えます。

　しかしこの方法ですと、被災地などで水が手に入らない場合に困ります。外国からの救援物質の中には粉ミルクの液体版である「<u>液体ミルク</u>」が入っており、使った人からは「便利だ」との称賛の声が上がっていたといいます。

　ところが日本にはつい最近まで液体ミルクはありませんでした。なぜでしょうか？

　「規格が定まっていないのでつくれない」からなのでした。日本では乳児用乳製品の規格を定めるのは厚生労働省令です。それによれば乳児用の「調製粉乳」の定義を「生乳や牛乳などを主要原料とし乳幼児に必要な栄養素を加え<u>粉末状にしたもの</u>」と表記されていました。

　つまり、最初から粉ミルクしか念頭になかったということです。液体ミルクの表記がないので、液体ミルクはつくれない（つくらない）という、何やらハッキリしない姿勢が透けて見えます。

　たび重なる被災で液体ミルクの要望が高まっていることを受けて、2018年に省令が見直されました。2019年現在、ようやく、液体

図 8-2 ● すぐ飲めて便利な液体ミルク

ミルクがスーパーの棚に並ぶことになりました。

　さて、かなり忌まわしい事件なので、できたら避けて通りたかったのですが、当事者の関係者は今も苦しんでおられるでしょうし、この事件を起こした会社も、今も新入社員に話して気持ちを新たにしているといいますから、あえてここにご紹介しましょう。

　1955年に主に西日本で起きた事件です。健康な乳児に粉ミルクを飲ませたところ、吐き気、嘔吐、下痢、激しい腹痛を起こし、場合によってはショック状態から亡くなった子もいました。

　岡山大学が疑問に思って調査したところ、明らかになった患者が12,344人で、うち死亡者が130名であることがわかりました。さらに調べたところ、原因は**ヒ素中毒**であり、その原因は森永乳業がつくった粉ミルクであることがわかりました。粉ミルクに猛毒のヒ素が混じっていたのです。

　被害者は森永を相手に訴訟を起こしました。しかし、森永側はヒ素が混入した原因は粉ミルクに加えた「安定剤」にあると主張しました。つまり、その安定剤に不純物としてヒ素が混入していたことが原因であり、森永に責任は無いと主張したのです。この主張が通

って一審は森永の勝訴となりました。

　ところが、思いもかけないところから証言が飛び出し、事態は急転したのです。

　当時の国鉄（日本国有鉄道：現在のJR）は、森永が安定剤を購入したのと同じ会社から、まったく同じ安定剤を清掃資材として購入していた、というのです。そして納入された安定剤を国鉄が検査したところ、ヒ素含有量が多すぎたので返却した、という証言でした。

　国鉄が清掃資材として使用するのさえ「危険！」として購入を断った物質を、乳幼児に与える粉ミルクにもかかわらずしっかりと検査もせず、それをそのまま製品に用いるとは何事かということで、裁判の流れは大きく変わりました。

　裁判は刑事、民事入り乱れ、最高裁差し戻しまで含めて複雑を極めましたが、最終的には原告側の勝訴となりました。しかし長引く裁判は原告側の分裂まで引き起こし、修復不可能なほどの傷を残しました。

　液体ミルクがなかなか実現しなかった背景にはこのようなことも尾を引いていたのかもしれません。

8-3 コロイド溶液ってなに？

――ミルクはとても特殊な溶液だった

「ミルクとは、脂肪やタンパク質を主とした各種の栄養素を溶かした水溶液」のことです。これはご理解いただけるでしょう。しかし、脂肪は水に溶けないはずです。なぜ、ミルクには脂肪が溶けるのでしょうか？

先に見たように（1章2節参照）、溶液というのは透明であり、溶質は1分子ずつバラバラになり、周囲を溶媒分子で囲まれて溶媒和しています。しかしミルクは透明ではありません。それでも溶液といえるのでしょうか？

実は、ミルク中の脂肪やタンパク質は「1分子ずつバラバラ」にはなっていませんし、溶媒和もしていません。

脂肪は、脂肪分子が何万個も集まって脂肪球という塊になっています。この球の直径は0.1〜20μm（マイクロメートル、1μm＝1/1000㎜）であり、牛乳の場合には1mL中に150億個もあるといいます。タンパク質も似たような状態です。

このような大きな粒子が漂っている液体は特殊な液体であり、特に**コロイド溶液**といいます。そして漂っている粒子をコロイド粒子、液体を**分散媒**といいます。つまり**ミルクはただの溶液ではなく、コロイド溶液という特殊な溶液**なのです。

コロイド粒子のような大きな粒子は重力の影響を受けて溶液の下部に沈殿し、固まってしまうはずです。小麦粉を水に溶いたものがそうです。溶いた直後は一様のミルク状になっていますが、放置すると直ぐに小麦粉は下に沈んで固まってしまいます。

ミルクのようなコロイド溶液の場合だけ粒子が重力の影響も受けずに分散媒（水）の中をいつまでも漂っていられるのはなぜでしょうか？　それには二つの理由があります。それは、

①コロイド粒子の周りに水分子がビッシリと接合し、そのため粒子同士が寄せ集まってさらに大きな粒子となって沈殿することができないこと

②すべてのコロイド粒子の表面に同じ電荷が帯電し、静電反発のために互いに寄せ集まることができないこと

です。前者の理由でできたコロイドを親水コロイド、後者の理由でできたコロイドを疎水コロイドといいます。

牛乳中の脂肪球は疎水性ですが、牛乳中では脂肪球の周りを親水性タンパク質のカゼインが覆って（乳化）、全体を疑似親水コロイドとしています。つまり脂肪球の周りをカゼインが覆い、その周りを水分子が覆っているのです。このカゼインのような物質を保護コロイドと呼びます。ミルクは案外、複雑な液体なのです。

コロイドは自然界にたくさんあり、食品にもたくさんあります。わかりやすいものでは、化粧品の乳液、血液、魚の白子、マヨネーズなどがあります。

また、分散媒は液体とは限りません。湯気は気体分散媒である空気中に水の微粒子が漂った「気体コロイド」であり、霧や雲も同じ

です。マヨネーズはミルクと同じように、脂肪球の周りを卵のタンパク質が保護コロイドとなって覆い、酢という分散倍の中に漂っている「液体コロイド」です。

図8-3 ● コロイドにも「液体・気体・固体」の3種がある

分散媒	コロイド粒子	一般名称	例
気体	液体	液体エアロゾル	霧、スプレー
	固体	固体エアロゾル	煙、ほこり
液体	気体	泡	泡
	液体	乳濁液（エマルション）	牛乳、豆乳、マヨネーズ
	固体	懸濁液（サスペンション）	ペンキ、シリカゾル
固体	気体	固体泡	スポンジ、シリカゲル、軽石、パン
	液体	固体エマルション	バター、マーガリン、マイクロカプセル
	固体	固体サスペンション	着色プラスチック、色ガラス、ルビー

バターは固体の脂肪が分散媒であり、中に漂う水がコロイド粒子の「固体コロイド」です。パンは固体の分散媒中に気泡がコロイド粒子となった「固体コロイド」です。

コロイドのうち、ミルク、湯気、霧、雲、マヨネーズなどのよう

185

に流動性を持ったものを特に「ゾル」といいます。それに対して、バター、パン、などのように固体状のもの（固体コロイド）を「ゲル」といいます。乾燥剤のシリカゲルは固体の二酸ケイ素が分散媒、気泡が分散質の固体コロイドであり、それでシリカゲルと呼ばれるのです。

　ゼラチンを水に溶いた物は流動性のある液体コロイドなのでゾルですが、それが低温になって固まった物は流動性を失った固体コロイドのゲルというわけです。

しょくひんの窓

高分子とコロイド溶液

　ここまで本書をお読みになって、「高分子、プラスチック」という言葉が多いのに戸惑われた方も多いのではないでしょうか？　さらに、本章の近くになると「コロイド」の連発です。たぶん、初めて聞かれた方も多いでしょう。でも、重要です。

　というのは、生物の体をつくっているのは「高分子とコロイド溶液」だからです。ところが、高校の化学ではあまり「高分子やコロイド溶液」に触れていません。

　科学は積み上げの学問とはいうものの、ちょっと先のことを齧っていると、次のことが「ものすごくよくわかる」ということがあります。

　ですから、本書に書いてあることで多少理解できない部分があっても、かまうことはありません。どんどん読み飛ばして、先へ先へと進んでください。そうすると、読み飛ばしたところが後になってよく理解できるようになるからです。

8-4 市販牛乳の種類と特徴は？

―― 成分の調整、脂肪球の均一化、殺菌法で違う

　スーパーの牛乳売り場の棚に行くと、成分無調整牛乳、成分調整牛乳とか、何種類ものパック詰め牛乳が並んでおり、慣れないと選択に迷います。どのような違いがあるのでしょうか。

　牛乳の分類の仕方はいろいろありますが、まず成分を調整しない「**成分無調整牛乳**」と、成分を調整した「**成分調整牛乳**」に分けることができます。

　原乳の成分は季節変動があります。つまり、干し草を食べる冬場は成分が高まり、夏場は青草を多く摂るために脂肪分が減り、味が濃くなったり薄く感じられたりすることがあるのです。これを調整したのが「成分調整牛乳」です。また、最近の健康ブームを反映して、脂肪分を減らして**低脂肪牛乳**としたり、カルシウムを加えたりしたものもあります。

　次に「ホモジナイズド牛乳」と「ノンホモジナイズド牛乳」に分けることができます。

　ホモジナイザー（乳化機、均質機）と呼ばれる機械を使って**牛乳の脂肪球の大きさを直径2μm以下に均一化**（ホモジナイズ）したものを**ホモジナイズド牛乳**（ホモ牛乳）といいます。製品内のクリーム層など分離を防ぐとともに、製品間のばらつきを抑える働き

があります。

　一方、均一化していないノンホモ牛乳では、瓶詰めから数日経つと白いトロリとしたクリーム状のものが浮くことがあります。これは牛乳の脂肪球を均一化していないため、粒子の大きな脂肪球がそのまま牛乳中に残り、クリームとして凝集したためです。

　殺菌法によって分けることもできます。主に殺菌法に用いる温度と加熱時間の違いです。次のようなものがあります。

○**低温保持殺菌**（LTLT 法）：63℃で 30 分間加熱します。低温のため、タンパク質は熱変性を起こさないので牛乳（低温殺菌牛乳）の風味は変化しません。

○**高温短時間殺菌**（HTST 法）：72℃〜 78℃で 15 秒間加熱します。熱に弱い菌は死滅しますが、耐熱性の菌が残存するため消費期限は短め（4 〜 6 日程度）になります。タンパク質の熱変性は抑えられます。

○**超高温瞬間殺菌**（UHT 法、UP 法）：120 〜 135℃度で 1 〜 3 秒間加熱します。耐熱性の菌も死滅します。低温保持殺菌と比較して手間がかからず、しかも賞味期限が長くなるため、日本の市販牛乳のほとんどはこの方法で処理されています。

○**LL 牛乳**：135 〜 150℃で 1 〜 3 秒間殺菌し、気密性の高いアルミコーティング紙パックやプラスチック容器などに無菌的に充填包装する方法です。この牛乳は**ロングライフ牛乳**（LL牛乳）と呼ばれ、未開封の状態で 3 か月間程度、常温保存が可能とされています。

8-5 ミルクの成分もいろいろ

―― 成分が異なる理由はなに？

　日本人の多くは「ミルク＝牛乳」と考えているのではないでしょうか？　確かに英語のミルクには、牛乳の意味があります。しかし一般に**ミルク**といった場合、牛乳（牛の乳）だけを指すわけではありません。つまり、お母さんのお乳も、ネコや犬の母乳もあります。これらはミルクとは呼んでも、「牛乳」とはいいません。馬やヤギのミルクは世界中で食品として利用されています。

　そもそも「牛乳」といっても、乳牛のホルスタインもいれば、牛肉用の黒毛和牛、農耕用の水牛もいます。「牛」もいろいろなのです。

　これらのさまざまな動物たちが出すミルクの成分はどうなっているのでしょうか。

　次ページの表に、いくつかの動物たちのミルク（乳汁）の組成を示しました。いろいろの動物たちが、自分の赤ちゃんが健やかに育つようにと考えて、自分の生きる環境、赤ちゃんの育つ将来を考えてベストと思う成分をつくり上げているのです。これを見ると、生物の厳かさに頭が下がる思いがします。

　表を見て、まず気づくのはオットセイ、クジラなど海棲動物のミルクの固形分の多さではないでしょうか。これは海中での授乳という不利な条件を考慮しているのかもしれません。幸運にも成功した

1回の授乳で、できるだけ多くの養分を子に与えたい、ということでしょう。

　霊長類のヒトとオランウータンの間に大きな違いがないのは当然のことでしょう。しかし、この2種における乳糖の多さ（ヒト7%、オランウータン6%）は特筆すべきことです。同濃度の乳糖を持っているのは馬くらいです。馬のミルクはその多い糖分を利用してアルコール発酵して馬乳酒というお酒の原料になることは、後で見ましょう。

図 8 - 4 ● さなざまな動物のミルクの成分

動物	全固形分	脂質	タンパク質	カゼイン	乳糖	灰分
ヒト	12.4	3.8	1.0	0.4	7.0	0.2
オランウータン	11.5	3.5	1.5	1.1	6.0	0.2
ウシ	12.7	3.7	3.4	2.8	4.8	0.7
スイギュウ	17.2	7.4	3.8	3.2	4.8	0.8
ヤギ	13.2	4.5	2.9	2.5	4.1	0.8
ウマ	11.2	1.9	2.5	1.3	6.2	0.5
ブタ	18.8	6.8	4.8	2.8	5.5	—
イヌ	23.5	12.9	7.9	5.8	3.1	1.2
ネコ	—	4.8	7.0	3.7	4.8	1.0
ノウサギ	—	19.3	19.5	—	0.9	—
マウス	29.3	13.1	9.0	7.0	3.0	1.3
ヒグマ	11.0	3.2	3.6	—	4.0	0.2
アフリカゾウ	20.9	9.3	5.1	—	3.7	0.7
ヒナコウモリ種	40.5	17.9	12.1	—	3.4	1.6
オットセイ	65.4	53.3	8.9	4.6	0.1	0.5
シロナガスクジラ	57.1	42.3	10.9	7.2	1.3	1.4

岡山大学農学部畜産物利用学教室・片岡啓「各種哺乳類動物の組成分組織の比較」より

同じ牛でも、ふつうの牛と水牛では脂肪分に大きな違いがあることがわかります。水牛のミルクはふつうの牛のミルクより、かなりリッチなミルクのようです。この辺りが水牛ミルクでつくったチーズのリッチさに反映しているのでしょう。

　犬と猫では脂肪分に大きな違いがありますが、もしかしたら人間との付き合いの長さが現れているのでしょうか。人間と長く付き合うと、脂肪の多いメタボ体質が移るのかもしれません。

　ヒグマは冬眠する動物であり、ミルクは親が冬眠中に赤ちゃんにあげる物ですが、その割に組成が他の動物と違わないのは意外です。

　ゾウとマウスでは、体の大きさは雲泥の差ですが、ミルクの組成からいうと、マウスの方がリッチに見えます。脂肪分、タンパク質共にマウスの方が5割増しも多いくらいです。しかし、これは濃度の比較であり、本当に比較すべきは赤ちゃんが受け取った量です。それは赤ちゃんが飲んだミルクの量と濃度の積になるはずです。ゾウの赤ちゃんはゴックンゴックンと象飲（鯨飲）するのかもしれません。

　コウモリは哺乳類では特殊な種類ですが、ミルクの組成も他の哺乳類とは違っています。脂肪、タンパク質、共に牛乳の3～4倍と高濃度になっています。

　このようにミルクの成分の違いを見るだけでもさまざまなことが考えられるのです。

8-6 ミルクの加工品を調べてみる

―― クリーム、ホイップクリーム、バター、脱脂粉乳？

　ミルクは大切な家畜を殺すことなく得ることのできる食品ですので、多くの牧畜民族が大切な食料として利用してきました。その中にはミルクをそのまま飲むのでなく、いろいろの食品に加工したものがあります。主なミルク加工品を見てみましょう。

　精製していない牛乳を加熱殺菌した後、放置、冷却するとクリームが上層に分離してきます。これは一種のコロイド状態の破壊と見ることができるでしょう。比重の小さな脂肪球が、**カゼイン**の保護コロイドが止めるのを振り払って、コロイド溶液中を上方に逃げ出したのです。

　工業的には遠心分離機を用いて分離します。用途目的によって、脂肪分が 18 ～ 30% のライトクリームはコーヒー用、30 ～ 48% のヘビークリームはホイップ用に分類されます。クリームを除かれた残りは脱脂乳と呼ばれます。

　<u>クリームはミルク（コロイド状態）を脱出した脂肪球集団のこと</u>ですが、脂肪球は相変わらず周囲をカゼイン膜で覆われて水中を漂っています。つまりクリームはミルクより高濃度のコロイド状態なのです。これを<u>激しく撹拌すると、脂肪球を覆うカゼイン膜が部分的に壊れ</u>ます。すると、脂肪球は壊れた部分を互いに接するように

接着して内部の脂肪分が外に出るのを防ぎます。

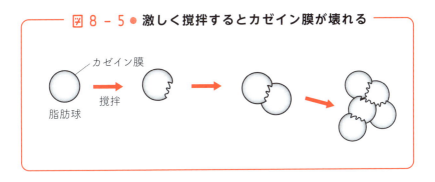

図 8 - 5 ● 激しく撹拌するとカゼイン膜が壊れる

　撹拌が激しくなって、多くの脂肪球が傷つくと、それに従ってたくさんの脂肪球が接着してより大きな組織となります。やがてこの組織は内部に気泡を含むようになります。この状態が**ホイップクリーム**です。撹拌がさらに激しくなると脂肪球は完全に壊れ、脂肪と水分が分離してしまいます。つまりコロイド状態が壊れてしまうのです。

　牛乳の脂肪分を固めた物を**バター**といいます。バターはクリームから次のようにしてつくります。

　まず、クリームを10℃以下の温度で激しく撹拌すると、脂肪球が凝集して大豆くらいの大きさのバター粒になります。そして、集めたバター粒を、十分に練り合わせればでき上がりです。バター粒以外の液体は**バターミルク**と呼ばれ、粉末にして業務用に利用されます。

　チーズの主成分はミルクに含まれるタンパク質の一種カゼインです。カゼインは分子中に親水性の部分と疎水性の部分があり、そのためセッケン分子などの界面活性剤と同様に水中を漂い続けて凝集

することがありません。しかしここに酸や乳酸菌を加えて酸性にし、さらにレンネット（凝乳酵素）を加えると、カゼイン分子の親水性の部分が加水分解によって切り離され、カゼイン分子は凝集して沈殿し始めます。

凝集した部分を分離し、成形すればチーズのでき上がりです。チーズの種類によってはその後、カビを付けられたりして長期間熟成させられます。

ミルクは発酵させて用いることがよくあります。チーズをつくる際にも乳酸菌を用いて発酵させることがあるのは上で見た通りです。ミルクに積極的に乳酸菌を作用させ、乳酸発酵させると固化した部分と液体部分に分離します。固化した部分がヨーグルト（ヤクルトはヨーグルトの一種の製品の商品名です）であり、上澄みの液体部分は**乳清**（ホエイ）と呼びます。

乳酸菌はミルク中のタンパク質を分解してアミノ酸にするだけでなく、乳糖をも分解するので、ヨーグルトは後に見る乳糖不耐性の人も食べることができます。

ミルクから乳脂肪分を除去したものを、脱水乾燥して粉末にしたものを**脱脂粉乳**といいます。保存性がよく、タンパク質、カルシウム、乳糖などを多く含んでおり、栄養価が高いことから、戦後しばらく学校給食に用いられました。

当時、学校給食に供された脱脂粉乳というと、匂いがあって決して美味しいものではなかったといわれます。しかし、それはバターをつくった残りの廃棄物で家畜の飼料用として粗雑に扱われたものであり、また無蓋貨物船（覆いのない貨物船）でパナマ運河を経由したために、高温と多湿で傷んだからといいます。

現在市販されている脱脂粉乳にはそのような臭いはなく、品質も向上しているので十分飲用に耐えるものになっています。メロンパン、マフィンなどのお菓子づくりにも脱脂粉乳は使われます。

しょくひんの窓

発酵バターはふつう？ ふつうではない？

　最近、乳酸菌で乳酸発酵させた発酵バターが注目されていますが、これは日本だけの特殊現象です。乳酸菌は空気中を含めてどこにでもいる菌ですから、昔のように無菌状態をつくることができなかった時代には、すべての加工食品に乳酸発酵が関与していたといってもよいでしょう。

　その事情は、バターも同様です。したがってヨーロッパでふつうのバターといえば「発酵バター」なのです。発酵しない特殊なバターは近年になって無菌状態をつくることができるようになってから現れた物です。

　ところが、日本でバターをつくるようになったのは無菌状態をつくれるようになってからであり、そのために日本では発酵しないバターがふつうのバターであり、発酵したのは特殊バターという逆転現象が起きたのだといいます。

第8章

ミルクとタマゴは完全栄養食

ミルクにも毒性がある？

―― 牛乳アレルギー、乳糖不耐症とはなにか？

　ミルクは赤ちゃんの必要な栄養素をすべて過不足なく含んだ完全栄養食品といわれますが、それではミルクはまったく安全な食品かといわれると、そうでもありません。実は危険性も含んでいるといわざるをえません。

　その一つは**牛乳アレルギー**です。**牛乳に含まれるタンパク質α-カゼインに対するアレルギー**です。特に子供の場合には、牛乳は鶏卵に次いで食物アレルギーにかかる割合が多い食品です。通常、おなかを壊す程度で、2～3歳になると自然と耐性を獲得して症状は消失します。しかし他のアレルギーと同様に、アナフラキシーショックを起こすと命にかかわりますから、要注意です。

　アレルギーではなく、ミルクを飲むとお腹が痛くなったり、ゴロゴロして下痢を起こしたりする症状を**乳糖不耐症**といいます。これは**乳糖を分解する酵素（ラクターゼ）の働きが弱いことに原因**があります。

　一般に、哺乳類の場合は生後しばらくはラクターゼの活性が高く、その後、徐々に低下していきます（他にも、先天性のラクターゼの欠損のケースもありますが、それは極めてレアなケースとされています）。

乳糖不耐症を予防するには、ヨーグルトのように、あらかじめ乳糖を分解処理したミルクを飲めばよいのです。また、ラクターゼ製剤などもありますから、それらを服用するのもよいのではないでしょうか。

図8-6● 乳糖不耐症の場合はヨーグルトを飲もう

ラクターゼの働きが弱いと……

　非常に危険なのは**ガラクトース血症**です。これは遺伝によって起こる深刻な症状です。ガラクトースを分解する酵素の働きが弱いか、あるいはまったく存在しない人の場合には、ミルクを飲むとガラクトースの濃度が危険領域に達してしまいます。

　こうなると肝硬変、髄膜炎、敗血症など命にかかわる病気が発生します。適切な治療が施されない場合の死亡率は75%に達するといわれます。

　現在では新生児スクリーニングによって発見することが可能ですので、早急に発見して一刻も早く、適切な治療を施すことが大切です。

8-8 ミルクとミルク製品の栄養価は？

―― 高タンパクな食品

　ミルク関係の食品の栄養価を表に示しました。加工しない状態のミルクのカロリーはあまり高くないことがわかります。牛乳は人乳に比べてタンパク質が多く、反対に炭水化物（糖分）が少なくなっています。コレステロールはいずれも低いようです。

図 8-7 ● ミルク関係の栄養価

100gあたり

	カロリー kcal	水分 g	タンパク質 g	全脂質 g	飽和脂肪酸 g	コレステロール mg	炭水化物 g	食物繊維 g	食塩相当量 g
人乳	65	88.0	1.1	3.5	1.32	15	7.2	(0)	0
牛乳	67	87.4	3.3	3.8	2.33	12	4.8	(0)	0.1
脱脂乳	34	91.0	3.4	0.1	0.05	3	4.8	(0)	0.1
ヨーグルト	62	87.7	3.6	3.0	1.83	12	4.9	(0)	0.1
プロセスチーズ	339	45.0	22.7	26.0	16.0	78	1.3	0	2.8
クリーム	433	49.5	2.0	45.0	(27.62)	120	3.1	(0)	0.1
バター	745	16.2	0.6	81.0	50.45	210	0.2	(0)	1.9
マーガリン	769	14.7	0.4	83.1	23.04	5	0.5	(0)	1.3

日本食品標準成分表（7訂）より　　（数値）＝推計値、(0)＝文献等から含まれていないと推定

脱脂乳に脂肪分が無く、その分、カロリーとコレステロールも低くなっているのは当然です。しかしタンパク質はソックリ残っていますから、高タンパク食品ということができるでしょう。

ヨーグルトの栄養価は原料の牛乳と大差ないようです。

チーズ、クリーム、バターなどの加工品になるとカロリーがグンと上がります。これはこれらの製品に水分が少ないので、その分、カロリーの数値が上がったということもあります。チーズはタンパク質が多く、バターは脂肪分が多いというイメージがありますが、実はチーズはタンパク質より脂肪分の方が多いことがわかります。

当然ですが、バターはほとんどが脂肪の塊であり、その分、コレステロールも多くなっています。クリームの2倍、チーズの3倍近いというのは相当なものです。それにしてもバターにおける飽和脂肪酸の多さは目立ちます。

比較のために人造バターであるマーガリンのデータも、前ページの表に載せました。マーガリンのコレステロールの低さが際立ちます。しかし先に見たようにマーガリンにはトランス脂肪酸の問題があり、バターとマーガリンの関係は、どうも「アチラ立てればコチラが立たず」というもののようです。

しょくひんの窓

乳酸菌は生きたまま腸に届くのか？

ヨーグルトは牛乳を乳酸発酵させた食品です。乳酸発酵は主に乳酸菌が行なう働きですが、乳酸菌という特定の菌は存在しません。どのような菌であれ、糖を分解して乳酸を発生する菌はすべて乳酸

菌といわれるのです。したがって乳酸菌には多くの種類があることになります。

　生きた乳酸を食べても、多くの場合は胃の酸のおかげで死滅します。しかし、中には丈夫で胃や小腸を通り抜けて大腸に達する菌もあるといいます。このような菌はいくつか知られていますが、いずれも各社の研究所が培養を繰り返した結果誕生した、各社独自のものが多いようです。

　人間の腸には元々乳酸菌が存在して整腸作用をしています。この乳酸菌を増殖し、活性化するには必ずしも生きた乳酸菌を届ける必要はありません。現在いる乳酸菌を活性化する「活性化成分」を届ければよいのです。

　ところが、死んだ乳酸菌でも、生きた乳酸菌を活性化する作用があるといいます。したがって、生きているかどうかはともかくとして、とにかく乳酸菌を食べることは健康によいということができそうです。

8-9 タマゴを科学の目で見ると

──ダチョウの卵は「巨大単細胞」

哺乳類を除けばすべての動物が卵を産みます。しかし食品として扱われる卵は、さけ、たら、ちょうざめなど数種類の魚類を除けばすべては鳥類の卵、中でも鶏の卵、鶏卵といってよいでしょう。

鶏卵は卵殻、卵白、卵黄から成り、その重量比率はおよそ、

　　　卵殻：卵白：卵黄＝ 1：6：3

です。卵殻は貝殻と同じ炭酸カルシウム $CaCO_3$ から成る多孔質の殻で、外部から酸素を取り込み、胚の呼吸によって生じた二酸化炭素を放出できるようになっています。卵殻の内側には卵殻膜と呼ばれる薄皮があります。

卵白は粘度の高い濃厚卵白と、粘度の低い水様卵白からできています。卵黄はひも状の「カラザ」（卵帯）によって卵の中心に固定されています。<u>卵黄は 1 個の独立した細胞</u>ですから、ダチョウの卵黄（直径 10cm）は地球上に他に例のない巨大細胞ということになります。ちなみに人間の卵子の直径は 0.15mm ほどですから、卵黄の大きさはそれ以下ということになります。

卵は栄養的にバランスのとれた優れた食品です。100g の卵にはエネルギー 155kcal、炭水化物 1.12g、タンパク質 12.6g、脂肪 10.6g、コレステロール 420mg が含まれています。養分の多くは

卵黄にあり、卵白の87%は水分で、残りのほとんどはタンパク質です。卵の脂肪のうち、25％ほどはコレステロールに変換される飽和脂肪酸ですから、卵のコレステロールはかなり高いようです。

卵殻には白いものと赤いものがありますが、これは鶏の種類と遺伝によるもので、卵殻の色の違いは、栄養価に影響はないことがわかっています。卵黄の色は飼料によるものであり、これも栄養価に関係のないことがわかっています。また、卵の大小は主に卵白によるものであり、黄身の占める割合は小型の卵の方が大きいことになります。

要するに卵の大きさ、殻の色、そのうえ黄味の色までもが栄養価に無関係ということになると、卵の選択基準をどこに置いたらよいのか迷ってしまいます。

卵はいろいろの料理に使われますが、ちょっと変わった調理法によるものとして皮蛋(ピータン)と温泉卵を見てみましょう。

皮蛋をつくるには生のアヒルの卵に石灰や木炭を混ぜた粘土を卵殻に塗りつけ、さらに籾殻をまぶして冷暗所に2～3か月ほど貯蔵します。すると、石灰のアルカリ性によって徐々に殻の内部がアルカリ性となり、タンパク質が変性して固化します。最終的に白身部分は黒色のゼリー状、黄身部分は翡翠色(ひすい)の固体になります。 ピータンの味はカニ味噌にも似たふくよかな味で大変おいしいものです。

温泉卵はゆで卵の一種ですが、卵黄よりも卵白がやわらかい状態なのが特徴です。これは卵黄の凝固温度（約70℃）が卵白の凝固温度（約80℃）より低いという性質を利用してつくられるもので、

65 〜 68℃程度の湯に 30 分程度漬けておくとできます。反対に卵黄をやわらかく保ったまま卵白を固めたものは半熟卵と呼ばれます。

　子供がアレルギーを起こしやすい食品は、卵とミルクが双璧です。卵アレルギーの原因の多くは卵白に含まれるタンパク質であり、子供の腸膜は薄いので、このタンパク質が通過しやすいからだといいます。そのため、子供が成長するにしたがい、卵アレルギーを克服することが多いようです。また、加熱した卵は一般に影響が弱いようです。

　しかし、また一方、卵の卵殻にはサルモネラ菌が付着していることがあり、衛生状態の悪い生卵を食べるとサルモネラ中毒になる可能性があります。サルモネラ菌の潜伏期間は半日から二日間程度です。症状は悪くすると非常に重くなることがあるので要注意ですし、症状は治ったように見えても体内に菌が棲息していることもあります。卵は安全な食品と思いがちですが、意外な落とし穴もありますので注意が必要です。

しょくひんの窓

コレステロールが健康に悪いって？

　コレステロールは健康によくないとのイメージがありますが、それは大きな間違いです。コレステロールは細胞膜の構成要素などとして生体に欠かせない重要な物質だからです。

　アメリカでの研究によれば、コレステロール量と寿命の間には相関関係が見られますが、それは多すぎても少なすぎてもいけないと

いうものです。血液 100mL 中、コレステロール量は 180 〜 200mg がベストといいます。多いと冠動脈疾患による死亡が増え、少ないと冠動脈疾患以外による死亡が増えるといいます。どちらで死にたいかによってコレステロールの摂取量を調節するのも一つの方法かもしれません。

　コレステロールが健康に問題になるのは、血管中を移動するときです。このときにはコレステロール単体が移動するのではなく、かならずリポタンパクといわれるタンパク質と結合した形で移動します。このリポタンパクは2種類あり、そのどちらと結合するかによって善玉といわれる HDL コレステロールか、悪玉といわれる LDL コレステロールになります。

　善玉コレステロールは血液中の余分なコレステロールを肝臓に運ぶ役割をして、血液中のコレステロールが増えるのを防ぎます。

　一方、悪玉コレステロールはコレステロールを細胞に届けます。この結果、細胞に必要以上にコレステロールが増え、血管を硬化させて動脈硬化を促進することになるのです。

第9章

パン・麺を「グルテン」の視点から見てみよう！

9-1 パンの種類と特徴は？

──海外と日本のパン比べ

　<u>パン</u>は小麦やライ麦など穀物の粉に水と塩、酵母（イースト）を加え、発酵によって生地を多孔質にした後、焼いてつくった食物です。パンは世界中で食べられている主食であり、その種類は5000種類もあるといわれます。最初に、主なパンの種類を見ておきましょう。

　フランスパンで知られるフランスには伝統的な物から新しい物まで多くの種類があります。

○**パン・トラディショネル**：伝統的なパンの意味で、小麦粉・パン酵母（イースト）・塩・水だけでつくられます。棒状のバゲットのほか、長さや太さによりパリジャン、バタールなど名称が変わります。

○**パン・ド・カンパーニュ**：田舎のパンという意味。家庭で手づくりされてきたような昔風の素朴なパンです。

○**クロワッサン**：バターをパイ生地のように折り込んで焼き上げるパン。1889年のパリ万博の時にウィーンのパン職人が出品しました。

○**ブリオッシュ**：マリー・アントワネットがフランスに嫁いでき

た際に伝わったという、卵とバターの多いリッチなパンです。

イタリアはスパゲティやマカロニなどのパスタが有名ですが、パンにも独自の物があります。

○**フォカッチャ**：生地にオリーブオイルを練り込み、平焼きにしたピッツァの原型ともいわれる円形のパンです。

○**チャバタ**：平べったく四角い形のシンプルな味わいのパン。生ハムやチーズなどの具を挟んで食べます。

北方の国であるドイツでは、小麦の他に<u>**ライ麦を使ったパン**</u>が発達しました。

○**ブロート**：大型パンの総称です。ライ麦でつくるパンを「ロッゲンブロート」、あらびき小麦全粒粉を配合したパンを「ヴァイツェンシュロートブロート」というなど、使用する麦の配合で呼び名が変わります。

○**プレッツェル**：中世ではパン屋のシンボルで軒先に下がっていたパンです。カリッとした食感と塩味がビールのつまみにもなります。

アメリカではやわらかく口当たりのよい食パンが盛んですが、ホットドッグやハンバーガーなど、具を挟んで食べるためのパンが発達しました。

○**ホワイトブレッド（食パン）**：ヨーロッパのハード系に対して、皮が薄く中身がやわらかいパンです。

○**ロール＆バンズ**：ハンバーガーやホットドッグなど、料理を挟

第9章 パン・麺を「グルテン」の視点から見てみよう！

んで食べるために工夫された小型のパンです。

○**ベーグル**：ユダヤ教徒の間で食べられてきたドーナッツ型のパンです。焼く直前に生地を一度茹でることでモチモチした食感になります。

○**イングリッシュマフィン**：イギリス発祥ですが、アメリカで人気の水分が多くやわらかい生地の丸いパンです。

○**ドーナッツ**：お菓子の一種とも考えられますが、アメリカでは主食としても食べられています。

これらの他に、中国の饅頭もパンの一種と見ることができますし、インドや中東の諸国には平たい**ナン**があります。またロシアにはパン生地にひき肉などの具を入れて油で揚げたり、オーブンで焼いたピロシキがあります。

日本では世界中のパンを食べることができるといわれるほど多くの種類のパンが店に並びます。そのような各国独自のパンの他に、パンに具を挟んだり、パン生地で具を包んで焼き上げたりした菓子パンやオカズパンが数えきれないほどあります。日本で独自に発達したパンに、米粉でつくったライスパンがあります。

○**ライスパン**：小麦粉の代わりに米粉を用いたパンです。小麦粉と米粉を混ぜたものや、米粉100％のものがあります、小麦アレルギーの人に喜ばれます。

○**プレーンパン**：食パンが代表的ですが、その他にロールパン、コッペパンなど多くの種類があります。

○**菓子パン**：アンパン、チョコパン、ジャムパン、クリームパン

等々、甘いものなら何でも挟み込んでしまいます。メロンパンも菓子パンの一種でしょう。

○**おかずパン**：カレーパン、焼きそばパン、ソーセージパン、カボチャパンなど、冷蔵庫にあるおかずのような物なら何でも挟み込んでしまいます。

○**酒まんじゅう**：日本古来の饅頭であり、これもパンの一種です。本来はイースト（パン酵母）で生地を発泡させるのですが、その代わりに酒を加え、そこに残っていた麹と酵母による発酵によって生地を多孔質にしたものです。

しょくひんの窓

「パンとサーカス」の人気取り！

　パンは主食であるだけに、国民にいかにしてパンを供給するかは、昔から政治の大きな課題でした。ローマ帝国では社会保障の一環としてローマ市民権保有者のうちの貧困者にパンの原料となる穀物の無料給付が行なわれていました。同時に剣闘士試合や戦車競走も無料で見物することができました。

　これに対して、同時代の詩人ユウェナリスが「パンとサーカス」という表現で市民を政治から遠ざけるものだとして批判しています。為政者の人気取り政策はいつの世にも行なわれているようです。

　一方、フランス革命時に王妃マリー・アントワネットは困窮する民衆に対し「パンがなければケーキを食べればいい」と発言し、国民の怒りをかったとされますが、この話の真偽のほどは定かでないといいます。

麺の種類と特徴は？

---酵母も発酵も不要な便利さが「麺」の世界を広げた

　穀物を使った主食は主に3種あります。一つはご飯のように穀物をそのまま茹でる、蒸すなどの加熱をして食べる物です。

　他の2種はいずれも穀物を挽いて粉にして加工します。その一つは9章1節で紹介したパンです。これは穀物粉と水と酵母を混ぜて練り、アルコール発酵させて、発生した二酸化炭素で発泡した生地を焼いた物でした。そしてもう一つは穀物粉に水を加えて練り、粘土状になった物を紐状に裁断する、あるいは細い穴から押し出して「麺」としたものです。

　工程としてはパンが最も優れているようですが、パンづくりの神髄は酵母の使用です。しかし酵母は自然界で最もありふれた細菌の一つですから、偶然に忍び込む可能性はいくらでもあります。また、小麦粉でつくった生地が酵母の発生する二酸化炭素で発泡するためには、生地に粘りを出すためのタンパク質（グルテン）が存在することが必須条件です。その条件を満たすのが小麦粉です。

　しかし、麺については<u>酵母や発酵、ましてやグルテンは必要ない</u>という点がパンとの大きな違いです。どのような穀物でも、それを挽いて粉にし、水を加えて練れば粘土状になります。それを小さくすればそばがき、シュペッツレとなり、細くすれば麺（そうめん、

スパゲティ）ができあがります。麺は穀物の種類に関係なく、簡単につくることができ、しかも、汁と具に工夫すればいくらでも美味しくすることができます。

このような理由で麺文化が世界に広がったのでしょう。その具体的な「麺」を見ておきましょう。

麺にはつくったばかりの水分を含んだ生麺と、それを乾燥した乾麺があります。麺には以下のような種類があります。

まず、日本の麺を見てみましょう。日本人は麺類が好きなようで、多くの種類があります。それぞれには巾、厚さに規定があります。

○きしめん：小麦粉製、平たい紐状の麺で、巾 4.5mm 以上、厚さ 2.0mm 未満。名古屋の名物。

○うどん：小麦粉製で断面は円形あるいは正方形で巾 1.7 〜 3.8mm、厚さ 1.0 〜 0.8mm。

○ひやむぎ：うどんを細くしたもので巾 1.3 〜 1.7mm、厚さ 1.0 〜 0.7mm。

○そうめん：冷麦をさらに細くしたもので、製造時に少量の油を用います。巾、厚さ共 1.3mm。

○日本そば：そば粉製。そばの実の全粒を製粉した「藪そば」と皮を除いた「更科そば」があります。つなぎとして 1 〜 2 割の小麦粉を加えることもあります

○春雨、マロニー：緑豆やジャガイモのデンプンからつくった麺で、煮ると半透明になります。

○葛きり：葛の根のデンプンでつくった麺ですが、つくってすぐ食べるので乾麺はありません。

第 9 章

バン・麺を「グルテン」の視点から見てみよう！

211

○糸コンニャク：コンニャクイモから採ったコンニャク粉からつくる物で強い弾力を持ちます。以前はもっぱら副食用でしたが、最近のダイエットブームのおかげで、低カロリーのうえ、整腸作用があるということで見直されているようです。乾麺はありません。

○心太（ところてん）：海藻のテングサからつくった麺です。歯切れのよいやわらかさを持ちます。伝統的には酢醤油あるいは三杯酢で食べます。低カロリーでコンニャク同様、ダイエットブームに乗って、主食扱いされることもあるようです。乾麺はありません。

中国での麺には次のようなものがあります。

○中華麺：いわずと知れた中華麺です。小麦粉製。捏ね水にアルカリ性のかん水（炭酸ナトリウム水溶液）を使うことで独特の腰と香り、それに黄色い色が出ます。

○ビーフン：米粉からつくった麺のことです。

○紅麺：コウリャンの粉からつくります。

イタリアはパスタの国であり、いろいろの形のパスタがあります。

○スパゲティ：小麦粉製。細い紐状でスパゲティ料理に用います。

○マカロニ：小麦粉製。5cm × 1cm ほどの中空の円筒状をしています。サラダなどに用います。

○ラザーニャ：小麦粉製。 薄くて長方形のパスタです。ミートソースやチーズと層状に重ねてオーブンで焼いて食べます。

この他にも、各国にいろいろの麺があります。

○**シュペッツレ**：ドイツ語でスズメという意味です。小麦粉・卵・塩などでゆるめにつくった生地を、熱湯に落として茹でたものです。ソースで和えて食べたり、つけ合わせにします。

○**冷麺**：朝鮮半島の麺でジャガイモのデンプンでつくります。強い弾力があります。

○**パッタイ**：主にタイで食べられる麺で、米粉でつくられます。

○**フォー**：ベトナムの麺で、米粉からつくられます。日本のきしめんにも似ていますが、つくり方はかなり違います。まず水に浸けたコメを挽いてペースト状にし、それを熱した金属板の上に薄く流し、多少固まったものを裁断して麺の形状にします。

○**ラグマン**：中央アジア全域で食べられる麺です。小麦粉と塩水でつくった生地を捏ね、寝かせた後に再び捏ねて、粘りがでたところを両手で引き伸ばしてつくるという、日本のそうめんに似たつくり方です。この麺を茹で、牛のスープに羊肉、野菜、唐辛子などの具をのせて食べます。

この節の最初にも触れたように、麺の場合はパンづくりのような酵母や発酵、グルテンなどを必要としないことが、結果的に世界中に「麺」を広げる要因となったのかもしれません。

9-3 薄力粉？ 中力粉？ 強力粉？

―― 小麦粉の種類はどのくらいある？

　<u>小麦粉は小麦の種子を挽いて製粉したもの</u>です。5章で見たように、小麦粉は100gあたり337kcalのエネルギーを持っています。炭水化物の量は72.2gであり、そのうち食物繊維は10.8gで、残りはデンプンです。

　脂肪は3.1gで、うち0.56gは飽和脂肪酸であり、残り2.5gほどは不飽和脂肪酸です。10.6gのタンパク質を含みますが、その種類はグリアジンとグルテニンです。これらのタンパク質は、水を吸収すると粘りのある**グルテン**となり、小麦粉の性質を大きく左右します。

　小麦粉は、小麦の種子を製粉したものですが、果皮や胚芽を付けたまま製粉したものを**全粒粉**、果皮や胚芽をふすまとして除いたものを**精製粉**といいます。グラハム粉は全粒粉の一種で、ふつうの全粒粉より粗目に挽き、篩にかけない粉のことをいいます。これでつくったパンは全粒粉でつくったパンよりも食感があります。

　小麦粉にはタンパク質（グルテン）が含まれます。そして、小麦粉には<u>「薄力粉・中力粉・強力粉」の3種類があり、その区分はグルテンの量の多少によるもの</u>です。グルテンの量は小麦の品種の他に、開花期・収穫期に雨が降るかどうかによっても変動します。開

花期・収穫期に雨が多いと、小麦はグルテンを形成しにくくなるためです。

　<u>薄力粉</u>は**タンパク質の割合が 8.5% 以下のもの**でケーキなどの菓子類・天ぷらなどに使われます。主にアメリカ産の軟質小麦を使用します。

　<u>中力粉</u>は**タンパク質の割合が 9% 前後のもの**で、うどん、お好み焼き、たこ焼きなどに広く用いられます。主にオーストラリア・国内産の中間質小麦を使用します。

　強力粉と薄力粉を混ぜれば中力粉になるようなものですが、そのようにつくった粉は本来の中力粉とは加工特性がやや異なるため、プロが使う場合には注意が必要です。

　<u>強力粉</u>は**タンパク質の割合が 12% 以上のもの**で、パン・中華麺・学校給食で出てくるソフト麺などに使われます。原料としては主にアメリカ、カナダ産の硬質小麦（パン小麦）を使用します。焼くと硬い仕上がりになるので洋菓子には向きません。

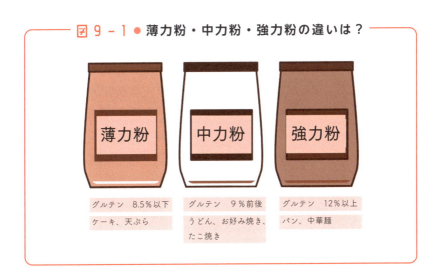

図 9-1 ● 薄力粉・中力粉・強力粉の違いは？

タンパク質の含有量を抑えれば抑えるほど製品は繊細な仕上がりになるので、「製菓用薄力粉」や「スーパーバイオレット」などの商品名で売られている、タンパク質の含有量をさらに減らした商品もあります。

しょくひんの窓

葛粉、片栗粉、浮き粉って？

日本には昔から伝わる伝統的な粉があります。いくつかを見てみましょう。

夏の風物詩でもある葛きりは葛粉からつくります。葛はつる性の木で長さは 10m に達します。地下に長さ 1.5m、太さ 20cm に達する巨大な根塊をつくり、デンプンを貯蔵します。

この根塊を掘り出して砕き、水に浸けてデンプンを溶かし出します。この溶液を放置すると容器の底にデンプンが沈殿するので上澄み液を捨てます。さらに水を加えてかき混ぜて放置し、沈殿物を水で溶いて放置して再沈殿させ……、という操作を繰り返すと、やがて純白の葛粉が得られます。

ただし現在は葛の木が少なくなり、人手も少なくなったので本物の葛粉は高価になり、多くの市販品はジャガイモやトウモロコシのデンプンを利用しています。

葛粉と並んで有名なのが片栗粉です。お菓子や竜田揚げ、中華料理のトロミなどに幅広く使われます。これは、本来はシクラメンのような美しい花の咲くカタクリ草の地下茎から採るデンプンですが、非常に量が少なく、大変高価になります。現在では皆無といってよいでしょう。残念ながら市販の片栗粉はすべてがジャガイモなどのデンプンです。

フワフワモチモチの口当たりが独特のわらび餅は、本来はワラビの地下茎から採った**ワラビ粉**からつくるものです。これも現在では一部の有名菓子屋さんでつくるわらび餅以外はジャガイモのデンプンを利用しているようです。

　コンニャクはコンニャクイモというイモからつくります。コンニャクイモは春にタネをまいたら秋に小イモを掘り出し、翌春そのイモを植えて育てて秋に掘り……ということをくり返して３年がかりで育てるといいます。このイモから採った粉が**コンニャク粉**として市販されています。これを使えば家庭でも簡単に手づくりのコンニャクを味わうことができます。

葛餅　　　　　　　　　コンニャクイモ

　この他に日本で伝統的に使われる小麦粉に**浮き粉**というものがあります。これは小麦粉からグルテンを麩の原料として除いた残りの残渣を精製したものです。

　成分はデンプンだけですから、片栗粉のようなものです。主に明石焼きや和菓子、香港でつくられる透明な皮の海老餃子の原料などとして使われます。

　葛餅といえば全国的には葛粉からつくるものをいいますが、東京のくずもち（久寿餅、東京くずもち）は浮き粉からつくった別物です。

パンのつくり方は?

——小麦以外でもパンはつくれる

　基本的なパンのつくり方は、小麦粉やライ麦粉などの穀物粉に水、塩、酵母などを混ぜてつくったパン生地を加熱してつくるというものです。

　小麦粉を用いたパンのつくり方を見てみましょう。まず、強力粉と水とイースト（酵母）の混合物を練って生地をつくります。酵母の働きを活発にするため、少量の砂糖を加えることもあります。なお、イーストの代わりにパン種、あるいはベーキングパウダー（ふくらし粉）を使うこともあります。

　この生地を数時間寝かしてアルコール発酵させます。発酵によって生じた二酸化炭素がパン生地を膨らませたことを確認した後、生地を適当な大きさに裁断し、成形してオーブン（窯）に入れて加熱します。

　酵母は微生物の一種です。どこにでもいる物ですが、パンの製造にはこれを糖蜜などで培養したものを用います。一方、パン種は穀物や果実などに付着している酵母その他、複数の微生物を利用してつくられた液状ないし生地状の物のことです。パン種に入っている微生物には乳酸菌や麹があり、乳酸菌が乳酸発酵するとパンに酸味が加わります。

また発酵させずに重曹 $NaHCO_3$ や、重曹を主成分とするベーキングパウダーなどの化学的膨張剤の分解反応によって二酸化炭素を発生させる方法もあります。

$$2NaHCO_3 \rightarrow CO_2 + H_2O + Na_2CO_3$$

　塩には味をととのえるほか、酵母の活動を遅らせたり、雑菌の活動を抑えたり、グルテンを強固にするなどの作用があります。水はミネラル分の多い硬水よりも、少ない軟水のほうがパンが膨らみやすくてよいとされるようです。

　加熱方法は全体に熱が通るようオーブンで焼くというのが典型的ですが、パンの種類によってはパン生地を平たくしてオーブンの壁にはり付けて焼くもの（フラットブレッド、インドや中東のナンなど）、蒸すもの（まんじゅうなど）、揚げるもの（ドーナッツやピロシキ）などもあります。

　小麦以外の材料、大麦やライ麦などではグルテンが形成されないため、パン生地は発酵させても十分に膨らまず、したがってパンは硬く重いものになります。

　特にライ麦の場合にはグルテンが無いため酵母で膨らませることができません。そこで、乳酸菌主体のサワードウによって膨らませます。この結果、小麦粉に比べて膨らみが悪く、重いパンとなりますが、反面、パンに独特の酸味と風味が加わります。

　このほか、メキシコのトルティーヤのようにトウモロコシ粉を用いたり、ブラジルのキャッサバ粉を用いたポン・デ・ケイジョなど、世界各地ではさまざまな独自の材料を用いたパンがつくられていま

第9章　パン・麺を「グルテン」の視点から見てみよう！

す。このように小麦粉を用いないパンは小麦アレルギーを抱える人にとって朗報となっています。

　日本では近年、米の利用促進やパン製造技術の進歩により、米粉からつくられるライスパンの利用が増加しています。

　米粉にはグルテンが含まれていないので膨張しにくく、初期のライスパンは小麦粉と米粉の混合物を用いてつくっていました。しかしその後、米粉を加熱してアルファ化したものを用いることで100%米粉のパンをつくることに成功したそうです。小麦アレルギーを持つ人にとっては明るいニュースです。

　デンプンはイモ類、豆類などにも豊富に含まれていますが、これらにはグルテンが含まれていないので、粘りが足りないためにパンをつくることができませんでした。

　しかし、ライスパンの成功例に倣って今後、ジャガイモパン、サツマイモパン、グリーンピースパン、トウモロコシパン、カボチャパンなど、楽しいパンが続々と出てくる可能性があります。給食がますます楽しくなりそうです。

しょくひんの窓

パンケーキとアルミニウム

　パンケーキ（ホットケーキ）は小麦粉に卵、牛乳、砂糖、ベーキングパウダーなどを加えて焼いたスポンジ状のやわらかいパンにバターやメープルシロップをかけて食べるお菓子です。パンケーキミックスという粉が市販されており、これを使えば家庭でも簡単に焼くことができます。

一時、この粉にアルミニウムが入っているといわれて話題になったことがあります。

　このため「粉の中にアルミホイルのような物が混じっているのか」と思った方もおられたようですが、まさかそうではありません。アルミニウムを含んだ何らかの分子が混じっているということです。

　ミックス粉の内容表示欄には「明礬配合」と書いてありました。明礬の化学式は$KAl(SO_4)_2$であり、このAlがアルミニウムなのです。

　なぜこのような物が入っているのかというと、ベーキングパウダーです。これの主成分は重曹$NaHCO_3$で、これが熱分解すると炭酸ガスCO_2、水H_2Oと共に炭酸ナトリウムNa_2CO_3を発生します。

$$2NaHCO_3 \rightarrow CO_2 + H_2O + Na_2CO_3$$

　ところが炭酸ナトリウムはラーメンの麺をつくるときに使うかん水に入っている成分です。これが生地に混じると生地に黄色い色と、独特の匂いがつきます。しかし明礬を混ぜると重曹の反応は下式のようになり、炭酸ナトリウムが発生しなくなるのです。

$$4NaHCO_3 + KAl(SO_4)_2 \rightarrow 2Na_2SO_4 + 4CO_2 + KOH + Al(OH)_3$$

　明礬は多くの食品に食品添加物として入っていますから、パンケーキミックス粉に入っていても問題はないでしょうが、気になる方は気になるでしょう。ということで、現在では明礬の入っていないミックス粉も市販されていますから、気になる方はそちらを使えばよいでしょう。

麺類のつくり方は？

―― うどん、そばをつくってみよう！

　麺類のつくり方を見ておきましょう。一般に、麺類は小麦粉などの穀物の粉に水を加えて練って生地をつくり、これを、

　①板状に伸ばした後にひも状に切る（きしめん、うどんなど）
　②生地を縒ってひも状にする（そうめんなど）
　③生地を穴の空いた適当な道具に入れて穴から押し出す（スパゲティなど）
　④生地を大きな塊にしてナイフのような物で削る（刀削麺）

などしたものです。

　日本の代表的な麺であるうどんとそばを例にとって細かいつくり方を見てみましょう。

〇うどんのつくり方

　うどんの材料となる小麦粉は、主に2種類のタンパク質、グルテニンとグリアジンを含んでいます。グルテニンは引っ張って伸ばすのに強い力が必要ですが、逆にグリアジンはやわらかく、それぞれ相反する性質を持っています。

　これに2倍量の水を加えると、グルテニンとグリアジンは水分子を介して結合し、**グルテン**と呼ばれる複合タンパク質になります。

このグルテンのおかげで、うどんは冷えても縮まず形を維持できるのです。

うどんで重要とされるのがコシです。「コシ」とは、もちもち感がありながら弾力があるという意味で、麺を噛んだときに感じる硬さとは異なる、弾力のある抵抗感、いわゆる噛み応えのことをいいます。

コシにはグルテンが大切です。グルテンが網目のように絡まりながら繋がり、チューインガムのようにちぎれずに伸びることによってコシが生まれます。

グルテンの組織は、塩を加えることでさらに引き締められ、より粘りも弾力性も強くなります。小麦粉に塩と水を入れてよく捏ねるほどタンパク質が絡み、グルテンがしっかり形成されてコシも強くなります。

しかし小麦粉に水と塩を加えて練っただけの生地ではうどんにはなりません。うどん生地をうどんにするためには、生地をしばらく寝かせて熟成させることが必要です。「熟成」させることによって、うどんに弾力と粘り、そして強いコシが生まれます。また、小麦粉の粒子に水分を充分行きわたらせることにもなります。

熟成に必要な時間は一般に2～3時間程度です。寝かせ過ぎると熟成が進み過ぎて発酵が始まり、分解酵素によって生地が切れやすくなってしまいます。

○そばのつくり方

そば粉を水で練って、円盤状にした物を**そばがき**、細く切ってひも状にした物を**そばきり**といいます。そば粉は水で練っても粘性が

低く、生地にまとめにくいものです。そこでそば粉に加えるのが「つなぎ」です。

　もちろん、そば粉 100% のそばきりをつくることも可能であり、それを十割そばといいます。九割そばは 9 割がそば粉、二八そばは 8 割がそば粉というわけです。

　一般的なつなぎは小麦粉、それもグルテンをある程度含んだ中力粉が使われます。山芋の一種である自然薯（じねんじょ）や卵を使うのも一般的ですが、中にはゴボウの葉のように、繊維質の多い葉を使って、繊維で繋いだものもあります。

　変わったものでは新潟のへぎそばがあり、これは海藻のフノリを使います。へぎというのは昔、魚を載せるのに使った浅い箱のことをいいます。お客に供する時にざるでなく、へぎに盛って出すことからこのような名前が付きました。

　うどんをつくる時には塩を使いますが、そばをつくる時には使いません。そのため、そばを茹でたお湯は食後に「そば湯」として飲むことができます。そば湯にはそばから溶け出したビタミンなどが入っています。しかし、うどんを茹でたお湯には塩が溶け出しており、しょっぱくて飲むことはできないのです。

○葛きり、春雨、マロニー、ビーフン

　うどん、そば以外に家庭でよく食べる麺類のつくり方を見てみましょう。

　葛きりは 9 章 3 節で見た葛粉からつくります。葛粉に 25% ほどの水を加え、ムラのないようによく混ぜます。この液体を浅い金属容器に厚さ 5mm ほどになるように入れます。金属容器ごと 90℃

で湯煎します。

　液体の表面が乾いて固まってきたら容器ごと湯に沈めます。液体部分が再び透明になったら湯から出して、液体部分（固まって固体になっています）を水中に取り出して葛きり本体の出来上がりです。名古屋名物の「きしめん」のように細く切り、そこに黒蜜をかければ完成です。

　春雨やマロニーは片栗粉を用いて葛きりと類似の操作をすればつくることができます。できた麺を乾燥すれば春雨やマロニーとなります。ビーフンは同じことを米粉を用いて行なったものです。

　春雨の中には冷凍法を用いてつくった物もあります。これは乾燥前の春雨を冷凍して水分を凍らせ、その後溶かすという、後に見る高野豆腐と同じ操作を加えることによって多孔質とし、味の浸みこみをよくしたものです。

しょくひんの窓

うどんの茹で方

　うどんをお湯に入れて茹でます。当然、うどんの表面から先に熱くなり、やわらかくなります。そのうち、表面のデンプンが溶けて、泡が出てきます。しかし、うどんは太いので、内部は未だ充分煮えていません。

　この時に加えるのが差し水です。いわゆる「びっくり水」です。鍋に冷水を加えるとお湯の温度は下がり、表面からのデンプンの溶け出しはなくなって泡は止まります。しかし温度は徐々に内部に伝わり、芯まで煮えるのです。

　煮上がったら、うどんを冷水に晒します。いわゆる"シメル"です。

これには二通りの意味があります。一つは差し水と同じ原理です。どうしても表面が先に熱くなってやわらかくなります。そこで冷水にとると表面の熱は取り去られますが、内部には熱が伝わり、内部もやわらかくなり続けます。

もう一つは打ち粉の除去です。うどんは生地を切るときに生地に打ち粉と呼ぶ小麦粉をふります。これがうどんを茹でた後もうどんの表面に残って喉越しを悪くします。この打ち粉を水で流し去るのです。

ところが、こんな面倒をせず、ひたすら1時間も茹で続けるうどんがあります。三重県の伊勢地方で食べる伊勢うどんです。茹で上がると直径1cmにもなる太いうどんです。小麦粉はタンパク質の少ない小麦を使うといいますが、それ以外は特別なつくり方をするわけではありません。

1時間も煮たうどんは、表面も芯も完全に煮えてクタクタになり、コシなどまったくありません。「讃岐うどんこそ、うどんだ！」と思っている人にとっては、それこそ、コシを抜かしそうなうどんでしょう。

このうどんに甘めの醤油を絡めて食べるのです。具はありません。うどんと醤油だけです。昔、商店の丁稚さんが食べていたそうです。伊勢参りの際はぜひ、試してみられては。

9-6 パン、麺の栄養価は?

―― 原材料の栄養価と変わらない

パン、麺類の栄養価を表にまとめました。パンも麺も、原料の穀物を粉にして加熱しただけですから、栄養価は原料の穀物の栄養価と変わりません。ですから、<u>うどんは薄力粉、中華麺は中力粉、パスタは強力粉の栄養価</u>を受け継いでいます。

この結果、うどんよりパスタのタンパク質量が多くなっています。

図9-2 ● パン、麺類の栄養価を見ると

100gあたり

	カロリー kcal	水分 g	タンパク質 g	全脂質 g	飽和脂肪酸 g	コレステロール mg	炭水化物 g	食物繊維 g	食塩相当量 g
干しうどん	348	13.5	8.5	1.1	(0.25)	(0)	71.9	2.4	4.3
干し中華麺	365	13.0	10.5	1.6	(0.37)	(0)	73.0	2.9	1.3
干しパスタ	378	11.3	12.9	1.8	0.39	(0)	73.1	5.4	0
干しそば	344	14.0	14.0	2.3	(0.49)	(0)	69.6	4.3	0
薄力粉	367	14.0	8.3	1.5	0.34	(0)	75.8	2.5	0
中力粉	367	14.0	9.0	1.6	0.36	(0)	75.1	2.8	0
強力粉	365	14.5	11.8	1.5	0.35	(0)	71.7	2.7	0
パン粉（生）	280	35.0	11.0	5.1	2.20	(0)	47.6	3.0	0.9
食パン	260	38.8	9.0	4.2	(1.83)	(0)	46.6	2.3	1.2

日本食品標準成分表(7訂)より　　(数値)＝推計値、(0)＝文献等から含まれていないと推定

この辺りが、パスタの力強い味の原因なのかもしれません。パンからつくったパン粉は強力粉の栄養価に似ています。カロリーと炭水化物の量が低くなっているのは水分の量が多くなった結果によるものでしょう。

しょくひんの窓

「そば」と名乗る基準はなんとも不可解？

　乾麺でないそばの定義は、不当景品類及び不当表示防止法に基づく「生めん類の表示に関する公正競争規約」で定められています。それによれば「そば粉30%以上」の製品についてだけ「そば」との表示が認められるとなっています。つまり、そば粉31%、小麦粉69%の逆七三そばであっても、法律上は「そば」と名乗ってもいいわけです。

　乾麺のそばに至っては呆れるばかりです。「乾麺の表示」に関してのJAS法によれば、そば粉の配合割合を表示することになっていますが、3割を越えたら表示する必要さえありません。そば粉31%の「薄そば」でも、100%の「純そば」でも、同じ表示でよいのです。

　さらに、そば粉10%未満の物は「10%未満」と書きさえすればよいのだそうです。0%はともかく、0.1%しか入っていなくても「10%未満」と書くことができるのです。なにやらわかりにくい規約です。

第10章

お菓子・嗜好品が食事に花を添える

10-1 和菓子の種類と栄養価

―― 米・小豆など「植物原料」でつくるのがキホン

日本古来のお菓子を**和菓子**といいます。その長い伝統を反映して和菓子の種類は膨大です。つくり方の面から和菓子を分類してみましょう。

○生菓子（なまがし）

水分を含んだ状態のお菓子を「生菓子」といいます。

- **餅もの**：もち米、うるち米や米粉でつくった餅状の物が基本です。餅、おはぎ、大福、団子（だんご）などがあります。

- **蒸しもの**：コメなどからつくった粉に水、砂糖を加えて練ってつくった生地が基本です。生地を成形して蒸したり、あるいは蒸した生地を使ってつくります。饅頭、蒸し羊羹、蒸しカステラ、ういろう（外郎）などがあります。

- **練りもの**：餡（あん）やもち粉などに砂糖や水飴などを加え練り上げてつくります。練り切り、求肥（ぎゅうひ）などがあります。

- **焼きもの**：生地を焼いてつくります。今川焼、たい焼き、どら焼きなどの他、カステラ、煎餅なども含めます。

- **流しもの**：寒天や餡などを主材料とする流動性の生地を型に流して固めてつくります。羊羹（ようかん）、錦玉羹（きんぎょくかん）（金玉羹（きんぎょくかん））などがあります。

○半生菓子

生菓子ほどではありませんが、水分を含んだお菓子です。

- **餡もの**：餡を使ったものです。最中、鹿の子餅などがあります。「鹿の子」というネーミングは金時豆の粒などが隙間なく並んでいる様子が、まるで鹿の背の斑点を思わせるためとされています。
- **岡もの**：餅もの、焼きもの、練りものなどの別種の製法でつくった生地を組み合わせたものです。最中、鹿の子餅などがあります。

○干菓子（ひがし）

穀物の粉と砂糖を混ぜてつくった物です。製造工程で水分を加えません。

- **打ちもの**：みじん粉（次節参照）などの粉類に砂糖、蜜などを加えたものを木型に入れて押し固めてつくります。落雁、干菓子などがあります。
- **掛けもの**：炒り豆などに砂糖液などをかけたものです。おこし、埼玉県の伝統和菓子であるやわらかめのおいしいきな粉をまぶした五家宝などがあります。
- **揚げもの**：油で揚げてつくります。かりんとう、アンドーナッツなどがあります。
- **飴もの**：砂糖、水飴などを原料とし、煮詰めてから冷却して固めたものです。飴玉、砂糖と飴からつくった有平糖などがあります。

<u>和菓子の主原料は米粉と餡</u>です。その他に甘味として砂糖や飴を使いますが、それは味を調えるための脇役です。米粉にはもち米からつくった物と、うるち米（ふつうのお米）からつくったものの2

種類があります。それぞれ、どのような粉があるかを見てみましょう。

○もち米からつくった粉

「もち粉」「白玉粉」「道明寺粉」「新引粉」「みじん粉」はいずれも、もち米を原料にしていますが、名前が異なります。いずれも、粘り気の多いもち米の特質を生かして使われますが、どう違うのでしょうか。

- **もち粉**：求肥粉ともいいます。もち米に水を加えず、生のまま粉にしたものが「もち粉」です。餅菓子や求肥、団子（上新粉と混ぜる）などに使います。

- **白玉粉**（しらたまこ）：寒晒し粉ともいいます。もち米に水を加えながらつぶし、乾燥させたものが「白玉粉」です。これも求肥や、白玉団子の材料にします。

- **道明寺粉**（どうみょうじこ）：もち米を蒸して乾燥したものを粗く挽いたものです。桜餅やみぞれ羹に使います。

- **新引粉**（しんびきこ）：もち米を細かく砕き、焼いたものです。落雁に使います。

- **みじん粉**：寒梅粉ともいいます。餅を焼いてから挽いたものです。各種の生地のつなぎ材などに用いられます。

○うるち米からつくった粉

- **新粉**（しんこ）：うるち米を生の状態で製粉したもので、粒の細かさによって名前が違います。新粉がもっとも粒が大きく、次に上新粉、そして最も粒の小さいのが上用粉です。上新粉は草餅

や柏餅に使われ、上用粉はういろうや、薯蕷をまぜた薯蕷饅頭などに用いられます。

○米以外の原料からつくった粉

- **葛粉**：先に見た葛の根のデンプンです。葛きりで有名です。
- **片栗粉**：本来はカタクリの根から採ったデンプンですが、現在はジャガイモのデンプンです。干菓子の原料になります。
- **きなこ**：炒った大豆を挽いてつくった粉です。ふつうの大豆からつくった（ふつうの）きなこ以外にも、青大豆という特殊な大豆からつくった「青きなこ」と呼ばれるものがあります。
- **ワラビ粉**：ワラビの根から採ったデンプンです。わらび餅に使います。
- **香煎**：炒った小麦を挽いたものです。砂糖を混ぜて、香煎という、子供の舐め粉として使います。

和菓子に餡子は付き物です。餡にはいろいろの種類があります。どんな原料をどのようにして「餡」をつくるのでしょうか。

○原料による「餡」の違い

まず、原料の違いから見てみましょう。

- **小豆餡**：その名の通り、小豆を使った餡で、<u>赤い色をした最も一般的な餡</u>です。
- **白餡**：手亡豆（白いインゲン豆）、インゲンマメなどの「白い種類の豆」を用いた餡です。色を付けて、練きりの材料などにも用います。さまざまな和菓子のベース材料として使われています。
- **うぐいす餡**：青えんどう（グリーンピース）を用いた餡です。

- **ずんだ餡**：枝豆をつぶし、砂糖を混ぜた餡のことです。東北地方の特産です。青い色と枝豆特有の香りが特色です。ずんだ餅などに使われます。

○製造法による違い

同じ原料でも、製造法によって違う餡になります。

- **粒餡**：小豆餡の原形で、小豆の粒を残した餡です。
- **つぶし餡**：煮た小豆をつぶしますが、豆の皮は取り除かないで餡の中に残したものです。
- **漉し餡**：晒し餡ともいいます。小豆をつぶした後、裏ごしをして、皮を取り除いたものです。
- **小倉餡**：つぶし餡やこし餡に、蜜で煮て漬けた大納言小豆を加えたものです。

和菓子の栄養価を表にまとめました。ほとんどの数値は原料である穀物と大差ありません。

図 10 - 1 ● 和菓子の栄養価

100g あたり

	カロリー kcal	水分 g	タンパク質 g	全脂質 g	飽和脂肪酸 g	コレステロール mg	炭水化物 g	食物繊維 g	食塩相当量 g
ねりきり	264	34.0	5.3	0.3	(0.04)	0	60.1	3.6	0
羊羹	296	26.0	3.6	0.2	(0.02)	0	40.0	2.2	0
落雁	389	13.0	2.4	0.2	(0.06)	0	94.3	0.2	0
かわらせんべい	398	4.3	7.5	3.5	(0.92)	110	84.0	1.1	0.3

日本食品標準成分表（7訂）より　　　　　　　　　　　（数値）＝推計値

砂糖を使っていることから落雁のカロリーが高めですが、練りきり、羊羹のカロリーはそれほどでもありません。小麦粉でつくった煎餅（瓦煎餅）のコレステロール値が異常に高いですが、原因はわかりません。サンプルの特異性かもしれません。総じて和菓子は低脂質の食品といえるでしょう。

しょくひんの窓

和菓子＝米と豆のお菓子

和菓子の特色は、原料として植物しか使わないことです。植物といっても、伝統的な和菓子が使う植物の種類は限られています。ほとんどの原料は米、小豆などの豆類だけです。

小麦粉も使いますが、たい焼き、たこ焼き、カリントウなどであり、これらは伝統的な和菓子ではありません。葛、片栗、ワラビの粉なども使いますが、和菓子としてはマイナーな存在にすぎません。笹の葉、桜の葉、柏の葉、ゴボウの蜜漬けなども用いることはありますが、やはり例外的なものです。

米・小豆という、これだけ少数の材料で、非常に多彩な作品を生み出す和菓子の奥深さは、驚きそのものです。

10-2 洋菓子の種類と栄養価

——動物性原料を使って高カロリー

　見た目に美しく、果実をふんだんに扱った洋菓子は、女性や子供に大人気です。洋菓子の種類は膨大です。主な物を挙げてみましょう。

〇生菓子

　ケーキの土台になるスポンジ、あるいはパン部分以外は加熱加工していないケーキのことを「生菓子」といいます。

- **スポンジケーキ類**：小麦粉と卵でつくったスポンジケーキを土台にしたケーキで、洋菓子の基本です。スポンジケーキが膨らむのは、原料の卵を泡立てておいたからです。生地を焼くと、この泡の中の空気が膨張して気泡となり、スポンジができるのです。スポンジケーキは表面をクリーム果実などで飾ることが多いようです。ショートケーキ、ロールケーキ、デコレーションケーキなどがあります。

- **バターケーキ類**：生地にバターを用いたケーキです。「小麦粉：バター：砂糖」を等量使ったパウンドケーキ、ドライフルーツを混ぜたフルーツケーキ、チーズを混ぜたチーズケーキなどがあります。

- **シューケーキ類**：空洞になった焼き菓子の内部にクリームなどを詰めたケーキです。シュークリームの皮（シュー）が膨らむ秘密は生地を煮ることにあります。煮ることによって生地に粘りが出て、内部で発生した水蒸気を閉じ込めます。そのため、皮が膨らんで内部が空洞になるのです。シュークリーム、エクレアなどがあります。

- **フィユタージュ類**：フィユタージュ、すなわち小麦粉の生地とバターを交互に折り重ねて焼いたパイを用いた菓子です。このような生地をオーブンで焼くと、バターが溶けて生地に浸みこみ、空いた空間で水が気化して膨張し、多数の空間ができてサクサクのパイとなります。代表的なフィユタージュとして、ミルフィーユ、アップルパイなどがあります。

- **ワッフル類**：小麦粉、卵、バター、牛乳、砂糖、イースト菌などを混ぜて発酵させてつくった生地を、格子模様などを刻んだ2枚の鉄板（ワッフル型）に挟んで焼き上げた菓子です。ベルギーのワッフルが有名です。

- **発酵菓子類**：パンのように生地をイースト菌で発酵させてつくったケーキです。ラム酒などを浸みこませたサバラン、デニッシュペーストリーなどがあります。

- **デザート菓子**：プディング（プリン）、ババロア、ムース、ゼリー。

- **料理菓子類**：ピザパイ、ミートパイ。

- **アイスクリーム**：クリーム、砂糖、卵を混ぜて凍らせたお菓子です。棒に付けた物は日本ではアイスキャンデーといいます。糖類の他に果汁や酸味を加えた物を特にシャーベットというこ

ともあります。

○干菓子

基本的に水分を含まないお菓子です。

- **キャンデー類**：ドロップ、キャラメルなどがあります。
- **チョコレート類**：各種チョコレートです。
- **ビスケット類**：ビスケット、乾パン、クラッカーなどです。ビスケットは、元々は二度焼きしたパンのことをいいます。
- **スナック類**：ポテトチップス、ポップコーンなどです。

洋菓子の栄養価を表にまとめました。ゼリー以外は高カロリーなのが目立ちます。脂肪もたくさん含み、飽和脂肪酸の量もかなり高めです。当然、コレステロールも多くなります。食べ過ぎに要注意

図 10 − 2 ● 洋菓子の栄養価

100gあたり

	カロリー	水分	タンパク質	全脂質	飽和脂肪酸	コレステロール	炭水化物	食物繊維	食塩相当量
	kcal	g	g	g	g	mg	g	g	g
ショートケーキ	327	35.0	7.1	13.8	(5.26)	140	43.6	0.6	0.2
チーズケーキ（生）	364	43.1	5.8	28.0	(16.93)	—	22.1	—	0.5
ホットケーキ	261	40.0	7.7	5.4	(2.07)	84	45.2	1.1	0.7
バターケーキ	443	20.0	5.8	25.4	(14.64)	170	47.9	0.7	0.6
ポテトチップス	554	2.0	4.7	35.2	(3.86)	Tr	54.7	3.4	1.0
ミルクチョコレート	558	0.5	6.9	34.1	19.88	19	55.8	3.9	0.2
オレンジゼリー	89	77.6	2.1	0.1	(0.02)	0	19.8	0.2	0
アイスクリーム	212	61.3	3.5	12.0	7.12	32	22.4	0.1	0.2

日本食品標準成分表（7訂）より　Tr＝微量、（数値）＝推計値、　—＝分析していない、あるいは分析困難

なのはいうまでもないでしょう。

　ポテトチップスが高カロリー、高脂肪なのにコレステロールが微量（Tr）なのは原料（ポテト）が植物だからです。ゼリーの原料はタンパク質のコラーゲンであり、純粋タンパク質のような物ですから、タンパク質以外はほぼ０となっています。

しょくひんの窓

昔と今で異なるバタークリーム

　洋菓子にクリームは付き物です。ホイップしたクリームで包まれた物もあります。クリームには生クリームとバタークリームがあります。生クリームは冷蔵庫で冷やしてもフワフワのままです。しかしバタークリームは冷やすと固くなり、口当たりが悪くなります。

　昔のクリスマスケーキを飾ったクリームはバタークリームが主でした。バタークリームは冷やすと固くなるので精密な成形ができます。そのため、昔のデコレーションケーキのバラの花などは色とりどりで見事な職人芸でつくられていました。食べるのが惜しかったほどです。

　しかし、食べてみるとあまり美味しくはありませんでした。それは昔のバタークリームの原料がバターではなく、硬化油でつくったショートニングが多かったためです。

　現在のお菓子に使われるバタークリームはホンモノのバターを使ったものですから、バターの風味のある美味しいものになっているはずです。

第10章　お菓子・嗜好品が食事に花を添える

239

10−3 匂いと香りを科学する

――匂いのする分子、匂いのない分子の分岐点は？

　和菓子屋さんの前を通っても、その匂いには気づきません。しかし洋菓子屋さんの前を通ると、目をつぶっていても独特の華やいだ香りを感じます。あの匂い・香りは何に起因するのでしょうか。

　ケーキの匂いで代表的なのは**バニラ**の香りです。バニラはバニラという長さ60mにもなるツル性の木になるバニラビーンズという長さ30cmほどの細長い豆に入っている種子から採ります。しかしそのままでは香りが無く、湿気を与えて発酵させることによって香りが発生します。

　バニラの匂いの素はバニリンという分子ですが、これは合成によってもつくることができます。バニラは香水などの化粧品にも使われ、2001年の全世界におけるバニリンの消費量は1万2000トンでしたが、天然品は1800トンに過ぎず、残りは合成品でした。

　シナモン（肉桂）もケーキに欠かせない匂いです。シナモンは桂皮という植物の樹皮です。シナモンの**匂い分子**はシンナムアルデヒドという物質です。これも化学合成の方法は確立していますが、工業的には桂皮油からの水蒸気蒸留で得ています。

　ケーキに欠かせないのがチョコレートです。チョコレートは食べ

ても美味しいですが、味に劣らず、素晴らしい香りをもっています。しかし、バニラやシナモンと違い、「これぞチョコレートの香り」という匂い分子はありません。いろいろの匂いがあいまってチョコレートの香りになるのでしょう。

洋菓子には各種のリキュールも隠し味として用いられます。よく使われるのはラム酒ですが、これはサトウキビの搾りかすを発酵させて得た醸造酒を蒸留したものです。この場合にも「これぞラム酒の匂い」という匂い分子はありません。

匂いと匂い分子の関係は複雑で、詳細は未だわかっていません。しかし、匂い分子が鼻にある嗅覚細胞の分子膜に結合することによって起こるものであることは確かなようです。

図のAは芳香で有名なジャコウ（麝香）の匂い分子、ムスコンです。化学的に見れば何の変哲もない環状分子です。なぜこんな分子が人を魅了するのか不思議です。

図のBは爆薬で有名なトリニトロトルエンTNTに似ていますが、

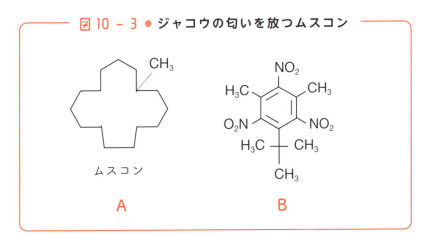

図10-3 ● ジャコウの匂いを放つムスコン

これもジャコウの匂いを発するのです。原因はわかりません。

次の図のCはハッカ（ミント）の匂い分子、メントールです。図の結合を表す実線、楔形実線、楔形点線は「結合の向き」を表します。この図を見ると、Cの右に書いてある7個の分子はすべてCと同じ順序で原子が結合しています。しかし、結合を表す記号がすべてCと微妙に違っています。つまりすべてCの立体異性体と呼ばれるものなのです。

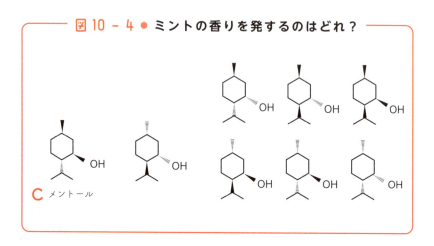

図 10 - 4 ● ミントの香りを発するのはどれ？

この全8種の分子の中でミントの香りを備えているのはただ1種、Cだけです。他の7種はミントの香りはしないのです。

なぜ、これほど似ているのにそんなことが起こるのかというと、「鍵と鍵穴」の関係によるものと考えられています。つまり鍵（匂い分子）と鍵穴（分子膜にある受容体）の立体関係なのです。

いま、仮に次ページの図のDを匂い分子だとしましょう。Dの置換基X、Y、Zはすべてが受容体の受容部x、y、zと嚙みあって結合しています（図の上下）。

ところがその右にある立体異性体Eは受容体の位置とは嚙みあ

っていません。このような理由でDは匂いがするけれども、Eは匂わないというのです。

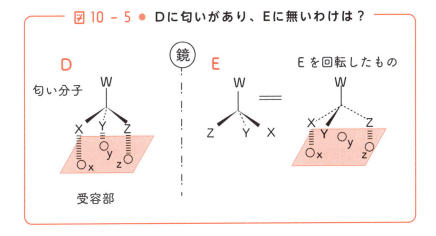

図10-5 ● Dに匂いがあり、Eに無いわけは？

しょくひんの窓

生物と味覚、嗅覚

　生物は「生きるため」に生きているのであって、「生きるための意味」を問いません。問うのは人間だけです。生き残るために敵を倒す武器が「毒」なのです。

　もう一つ、生き残るために必要なのは「敵を察知するセンサー」です。これが味覚と嗅覚に該当します。味覚は毒のセンサーで、苦味、辛味はそのためにあるといいます。

　一方、嗅覚は近づいてくる敵をいち早く察知するためのセンサーで、低濃度でも感知する能力が必要です。味覚は大量の物質（食料）を口に入れて初めて感知します。それに対して嗅覚は空気中を漂う目に見えない量の物質を感知します。その鋭敏さの比較は味覚の比ではありません。

10-4 お茶、コーヒーの科学

―― お茶とウーロン茶、紅茶はどこが違う？

　お茶、コーヒー、チョコレートなどには**カフェイン**という成分が含まれています。その量は、お茶の出し方、チョコレートの種類などで変わりますが、一般的には表のようにいわれています。

カフェインの成分は？

カフェイン量	mg/100g
玉露	160
煎茶	20
ウーロン茶	20
紅茶	30
コーヒー	60

全日本コーヒー協会ホームページより

　カフェインは興奮作用を持ち、弱い覚せい作用を持ちます。そのため、許容摂取量は成人で1日400mg、妊婦や授乳中の女性は1日200mgといわれています。カフェインは世界中で最も広く使われている精神刺激薬といえるでしょう。

　カフェインは適量を摂取する分には適度の興奮作用をもたらします。しかし過剰に摂取すると不眠、めまいなどの症状が現れること

があり、それを避けようと減量あるいは中止すると離脱症状（禁断症状）として、頭痛、集中欠如、吐き気、筋肉痛などが起こることもあります。

○お茶（和茶）

お茶はお茶の木の若葉を煎じて飲むものですが、いろいろの種類があります。

- **緑茶**：緑茶には煎茶、抹茶、番茶、ほうじ茶などいろいろの種類がありますが、一般に、**お茶（和茶）という場合は、摘んだお茶の葉を蒸して揉んだもの**のことです。

   なぜ、お茶の葉を蒸すかというと、加熱して葉の中の酵素を失活させるためです。失活させないと最終的には発酵して紅茶になってしまいます。揉むのは葉の細胞壁を壊すためです。細部壁を壊して細胞内部の有用物質をお湯に溶けやすくします。発酵しているかいないかが「お茶（和茶）」と他のお茶（ウーロン茶・紅茶）との違いです。
- **碾茶**：一方、蒸した後揉まないで乾燥させた物を日本では、碾茶といいます。中国から最初に伝わったお茶は碾茶とされています。碾茶を臼で挽いて粉末にしたのが抹茶です。

○ウーロン茶、紅茶

- **ウーロン茶・紅茶**：摘んだお茶の葉を揉んだ後、そのまま放置すると、葉の中の酵素によって発酵します。適当な期間で発酵を止めた物がウーロン茶であり、最後まで発酵させたものが紅茶です。**葉を揉むのは葉の中にある酸化酵素を外部に引き出し、**

酸化発酵を促すためです。

　緑茶は酵素が失活しているので、いくら放置しても発酵はしません。"緑茶"を帆船でイギリスに運ぶ間に発酵が起こって"紅茶"になったという話は間違いです。運んだのは"緑茶"ではなく、あえていえば"緑のお茶の葉"だったのでしょう。酵素が失活していなかったので発酵が進んだのです。

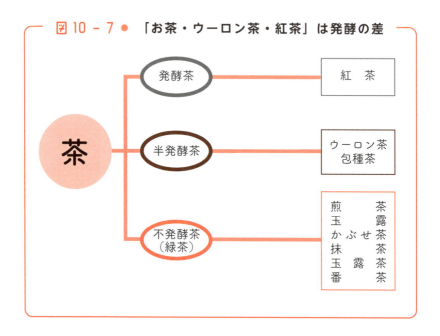

図 10 - 7 ●　「お茶・ウーロン茶・紅茶」は発酵の差

○コーヒー

　コーヒーはコーヒーの木の種子（コーヒー豆）を焙煎し、粉砕した物を煎じた飲み物です。その意味では加工されない原始的な飲み物といえるかもしれません。

　最近になって、コーヒーからコーヒー酸というシンナムアルデヒドの類似物質が見つかり、これがコーヒーの香り、味の原因物質ではないかと研究が進められているといいます。

インドネシアにコピ・ルアクというコーヒーがあります。これは野性のジャコウネコがコーヒーの実を食べた後、未消化のまま、フンに混ざって排出されたコーヒー豆です。ネコの腸内にいる細菌による発酵のせいで特別の香りがするのだそうです。

○チョコレート・ココア

固体のチョコレートと液体飲料のココアは本質的に同じものです。英語圏ではココアをホットチョコレートといいます。

チョコレートは「カカオの木」といわれる高さ 10 mほどの木に成る長さ 20cm、直径 7cm ほどの紡錘形をした「カカオの実」からつくります。カカオの実の中には 20 〜 50 粒ほどの種子（カカオ豆）が入っています。

この豆を焙煎した後、皮を剥いて磨りつぶしてペースト状にした物をカカオマスといいます。カカオマスに 40 〜 50% 含まれる脂肪分をココアバターといいます。

- **チョコレート**：カカオマスに砂糖、ココアバターを加えて練った物がチョコレートです。それに対して、ココアバターだけからつくった物がホワイトチョコレートです。
- **ココア**：一方、カカオマスから脂肪分をある程度除いた物をココアパウダーといい、それに砂糖やミルクを加えた物がココアになります。

お酒の種類と知識

―― ブドウ糖からアルコール発酵させる

　お酒を食品といってよいかどうかは難しい所ですが、少しだけ触れておきましょう。

　お酒はエタノール CH_3CH_2OH を含んだ飲料であり、その意味では「エタノールの水割り＋α」です。「α」は味と香りです。

　お酒に含まれるエタノールの量は体積％で表します。つまり、お酒に含まれるエタノールの体積をお酒全体の体積で割って、その値を100倍します。そして日本では、その数値を「パーセント」といわず、「度」といいます。つまりお酒の15度というのは15％のことで、お酒100mL中に15mLのエタノールが含まれるという意味なのです。

　エタノールの比重は0.789と水より軽いため、お酒のエタノール含有量をもし重量％で表せば、その数値は現在の「度」で表した数値よりも1割〜2割程度、小さくなります。

　<u>お酒はブドウ糖を、酵母（イースト）を用いてアルコール発酵</u>することによってつくります。いくつかのお酒のつくり方を見てみましょう。

○ブドウ酒（ワイン）

酵母は自然界ならどこにでも存在する菌であり、植物の葉や空気中にも飛んでいます。ブドウの葉にも、果皮にも、酵母が付いていますし、ブドウの果実はたっぷりのブドウ糖を含んでいます。ですから、ブドウをつぶして保存すれば、黙っていてもブドウ酒（ワイン）ができます。むしろ、ぶどう酒にしないほうが難しいようなものです。

○日本酒・ビール

しかし、コメや麦は穀物であり、ブドウ糖を含んでいません。含まれているのはデンプンです。したがって、コメや麦を酵母によってアルコール発酵しようとしたら、その前にデンプンを加水分解してブドウ糖にしなければなりません、その役をするのが日本酒の場合には麹であり、麦からつくるビールやウイスキーの場合には、麦を発芽した麦芽に含まれる酵素なのです。

したがって、穀物からお酒をつくる場合には、

①デンプンを加水分解してブドウ糖にする

②ブドウ糖をアルコール発酵する

という2段階の反応が必要になります、日本酒はこの2つの段階を同時進行させてつくったお酒であり、ビールは、①を終えてから②へと、段階を踏んでつくったお酒ということができます。

ワインや日本酒のように、アルコール発酵でできたお酒を一般に醸造酒といいます。マッコリ、紹興酒、ビールなどがそれになります。

○蒸留酒

しかし、醸造酒のアルコール度数はせいぜい15%（15度）程度です。そこで醸造酒を蒸留してアルコール分の高い成分だけを集めたお酒がつくられました。それが蒸留酒であり、ブランデー、ウイスキー、焼酎、ウォッカ、ラムなどがよく知られています。

蒸留酒の度数に限度はありません。その気になれば、100%近いものも可能です。しかし、現在市販されている蒸留酒は概ね40〜50度になっています。

蒸留酒をつくる場合に問題になるのは、いかに「蒸留の精度を下げるか」ということです。というのは現代工学の技術（連続蒸留法）をもって醸造酒を蒸留したら、純粋のエタノール、つまり100%、100度のお酒をつくることも可能です。しかし、エタノール100%といったら、それはエタノールそのものであって、「エタノールの水割り＋α」であるお酒ではありません。

つまり、エタノールに近いというだけでお酒としての風味は失われるということです。要するにブランデーもウィスキーも同じ風味になってしまうということです。これでは「お酒の文化」はなりたちません。そこで、原料の醸造酒の味と香り、つまり"α"を残しながら蒸留する、いわば「精度の低い蒸留」という、現代工学の思想に反した蒸留法が求められることになるのです。蒸留酒をつくる人々が本当に苦労しているのは、実はこの辺りではないでしょうか。

実際的な話をすれば、日本の代表的な焼酎には甲類と乙類があります。甲類は現代的な連続蒸留法でつくった蒸留酒（エタノール）で、度数はいくらでも上げることができますが、法令では36度以下と定められています。実際には水を加えて調整します。

一方、乙類は旧式の単式蒸留法でつくったもので、蒸留回数は 1回だけです。そのため、アルコール度数が上がりにくいこともあり、度数は 45 度以下と定められています。梅酒などのリキュールに使うには癖のない甲類が向いているようです。

○リキュール

　蒸留酒に果実を漬け、果実のエッセンスを抽出したお酒をリキュールといいます。日本の梅酒はリキュールの傑作というべきものでしょう。世界的にはニガヨモギを入れたアブサン、ネズの実を入れたジンなど多くの種類がありますが、漬ける物は植物とは限りません。沖縄の毒蛇ハブを入れたハブ酒などがその例です。

○カクテル

　カクテルというのは、これらすべてのお酒の中から好きな物を選び、好きなジュースなどを混ぜてつくったアルコール飲料のことをいいます。

　カクテルの種類は無限です。よく知られたものでもギムレット（ジン＋ライム）、ムーラン・ルージュ（ブランデー＋パイナップルジュース＋シャンパン＋カットパイナップル 1 切＋チェリー 1 個）、サムライ（日本酒＋ライムジュース＋レモンジュース）など、何でもあります。皆さんもオリジナルのカクテルをつくってみてはいかがでしょうか。

しょくひんの窓

ミルクからつくったお酒の話

　すごく変わったお酒に、馬のミルクからつくった馬乳酒（モンゴル）があります。ミルクからつくったお酒ということで、「タンパク質からつくったお酒？」と勘違いしそうですが、そうではありません。馬乳には7%ほどの乳糖が含まれます。乳糖はブドウ糖とガラクトースから成る二糖類です。このブドウ糖をアルコール発酵させるのです。

　アルコール度数はせいぜい2度足らずです。しかし、これを蒸留したアルヒ（モンゴルのウォッカに相当）は7〜40度の蒸留酒となります。

　中国の国酒といわれるお酒にマオタイチュウ（茅台酒）があります。これはコウリャンからつくったお酒ですが、鮮烈な芳香があります。

　つくり方はコウリャンを蒸した物に麹と酵母を加えて甕に入れて穴蔵で発酵させます。つまり、水を加えないのです。そのため、発酵はご飯のような固体状態で行なわれます。これを**固体発酵**といいます。

　発酵が進むとご飯状態がお粥状態になるそうです。地方によってはこれにストローを挿して液体部分を吸うこともあるといいます。マオタイチュウはこれを蒸籠に入れて蒸すことによってアルコール部分を蒸留します。この方法を一般に**水蒸気蒸留**といいます。

　度数は、以前は65度までありましたが、近年は45度ほどに下げられました。度数の割に酔うお酒です。エタノール以外に人間を酔わせる成分が混じっているのかもしれません。

第11章

改質された食品を科学する

フリーズドライ食品の原理を知る

―― 高温にせずに「乾燥」させる秘密の方法

　加工食品の中には、原料が想像できない物や、原料はわかっていてもどのようにしてつくったのかを想像できないような物があります。ここではそのような不思議とも思える加工食品の原料と作成法を見てみましょう。

　インスタントコーヒーの粉末をカップに入れ、そこに熱湯を注げば、即座にコーヒーの香りが立ち上ります。また、カップ麺に熱湯を注いで3分待てば、薄いながらもチャーシューののったラーメンのでき上がりです。**フリーズドライ食品**は日常生活に深く根ざしています。

　この「フリーズドライ」とはどういう意味でしょうか？　「フリーズ」とは凍らせること、「ドライ」とは乾燥することです。

　コーヒーを乾燥させるためには水分を除かなければなりません。水分を除くためには沸騰させなければならず、そのためには100℃以上に熱し続け、コーヒーの水分を蒸発させなければなりません。そんなことをすれば、その段階でコーヒーはとんでもない香りを放ってしまうことでしょう。また、煮詰めてしまったラーメンなど、もはやラーメンとはいえません。

なんとか、**加熱しないで水分を蒸発させる**ことはできないでしょうか？　それができるのです！

　そのヒントはドライアイスにあります。水は0℃以下の低温では固体（氷）ですが、加熱して融点（0℃）になると、融解して液体の水になり、沸点（100℃）になると沸騰して気体（水蒸気）になります。つまり温度の上昇につれて「固体→液体→気体」と変化します。

　ところが、二酸化炭素の固体（結晶）であるドライアイスは、低温では固体なのに、室温では気体になります。つまり「固体→気体」です。固体が液体状態を通らずに直接気体になるのです。このような変化を一般に**昇華**といい、タンスに入れる防虫剤のナフタリンなどでも見られる現象です。

　水も同じように固体（氷）から直接蒸発させることはできないものでしょうか？　それができるのです！

　1章1節で見た通りです。つまり、真空（低圧）にすればよいのです。水は0.06気圧にすると、0.01℃以下の温度で昇華します。つまり、氷が水になることなく、直接、水蒸気になって出て行くのです。

　これが**フリーズドライの原理**です。この原理を用いれば、コーヒーを冷凍状態のまま乾燥させることができます。コーヒーの香りが損なわれることはありません。ラーメンやチャーシューも同じことです。

11-2 豆腐がつくられるまで

――豆腐はコロイドだった

　製法に関して、相変わらず謎の多いのが「豆腐」です。なぜ、あの固い大豆から、あれほど白くてやわらかい豆腐ができるのでしょうか？

　豆腐のつくり方は簡単です。大豆を一晩水に漬けた後、やわらかくなった豆をミキサーでつぶします。これを加熱した後、布で絞って濾します。このとき、絞って残った**固体部分をオカラ、液体部分を豆乳**といいます。

　この液体部分（豆乳）を再び加熱し、70℃ほどになったときにニガリ（硫酸マグネシウム $MgSO_4$ など）の水溶液を加え、数回かき回した後、放置します。豆乳が固まってきますので、その時点で専用の水きり穴のついた容器に入れます。水きり穴から水が出た時点で容器に蓋をして重しを載せ、さらに水を切ります。水が出なくなったら豆腐を容器から取り出し、冷水に晒してニガリを取り除いて完成です。

　豆乳を加熱し続けると、豆乳の表面に膜状の物が浮かびます。これを割り箸などで掬い取った物が**生湯葉**です。そのまま、刺身と同じようにお醤油でいただきます。生湯葉を乾燥したものが乾燥湯葉で、水で戻して吸い物や煮物などの各種の料理に使います。

図 11-1 ● 「豆腐」ができるまで

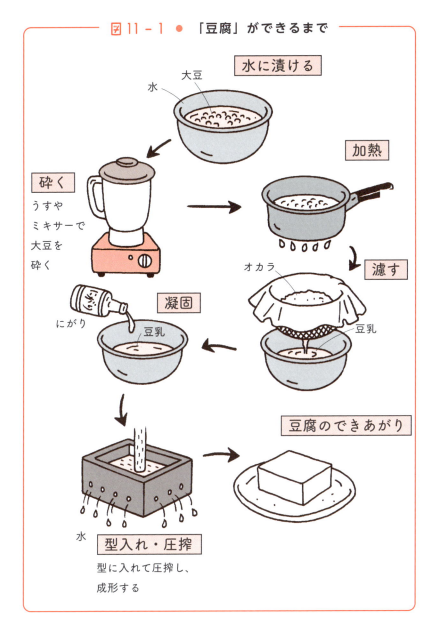

　豆腐を薄く切って焼いたのが焼き豆腐であり、すき焼きなどに用います。また、薄く切った豆腐を油で揚げた物が油揚げで、そのま

ま食用にしたり、煮て鮨飯を詰めていなり寿司にしたりします。豆腐をつぶした物に味付けをし、それで湯がいた野菜を和えた物は白和え、白和えを汁仕立てにしたものはけんちん汁、白和えを開いた白身魚に詰めて蒸した物はけんちん蒸、というように、豆腐は和食の材料として広く利用されています。

　中国では豆腐を用いた発酵食品として腐乳があります。これは豆腐を圧搾して水分を抜いたのちに長方形に切り、これに麹を付着させて瓶に入れ、もろみ、塩水、甘酒などを入れて熟成させるのです。沖縄にも似た食品がありますが、こちらは豆腐餻と呼ばれます。

　豆腐のつくり方は先ほど見たように、原理的には簡単なものです。しかし、豆腐には科学的に重要な現象が隠れています。

　豆乳は豆の「乳」と書くように、牛乳とよく似ています。それは見た目だけのことではありません。本質的にもよく似ています。

　つまり、すでに見たように（8章3節）、<u>豆乳はコロイド溶液なのです。そして、コロイド粒子は大豆のタンパク質であり、分散媒はもちろん水</u>です。

　豆乳のコロイド粒子であるタンパク質は水溶性です。つまり、親水コロイドなのです。コロイド粒子の表面にはビッシリと水分子が張りついています。ここに加えたのがニガリ、$MgSO_4$ です。これはイオン性化合物であり、水に溶けるとマグネシウムイオン Mg^{2+} と硫酸イオン $SO_4{}^{2-}$ に電離します。

　水分子はイオンが大好きです。タンパク質も嫌いではありませんが、イオンが来たらそちらのほうに行きます。ということで大豆タンパクの周りに付いていた水分子はニガリのほうに行ってしまい、

結果として大豆タンパクは丸裸となります。こうなったら、大豆タンパク同士の接近を妨げていた要因はなくなります。

　ということで、大豆タンパク、つまりコロイド粒子は互いに接合して固体となって沈殿するのです。これが豆腐で、この操作を科学的には塩析といいます。

しょくひんの窓

化粧品もコロイドです！

　コロイドは身の回りにたくさんあります。これらは塩析の機会（接合して沈殿するチャンス）を狙っています。クリームや乳液などの液体系の化粧品は、その多くがコロイドです。汗のついた手で触ると、汗に含まれるイオン性物質（塩など）で塩析が起こり、コロイド粒子が沈殿して2層に分離することがないとも限りません。これをコロイドが破壊されたといいます。

　化粧品は印象が大切です。破壊されたコロイドは有害でも何でもありませんが、2つの層に分離した化粧品では、どうも印象がよくありません。顔に塗ろうなどとは思わないのではないでしょうか。化粧品をつくる人たちが最も気を配るところです。

11−3 高野豆腐とは？

――フリーズドライ製法に似て非なる独特の製法

　大きさ 10cm × 7cm ほど、厚さ 5mm ほどの白くて硬くて軽い、ビスケットのような伝統食品があります。凍み豆腐あるいは、原産地とされる高野山の名をとって**高野豆腐**といいます（JAS における正式名は「凍り豆腐」）。保存食品の一種ですが、食べる際には、水で戻して煮物に使います。

　これはその名前の通り、豆腐からつくった物です。豆腐を短冊状に薄切りにした物を、冬の高野山のような寒冷地で、夜間に放置します。すると水分が凍って豆腐のあちこちに氷の粒になって凝固します。

　日中になると氷は融けて水となり、豆腐から滴り落ち、豆腐短冊は孔だらけになります。水の一部はこのようにして無くなりますが、一部は豆腐短冊内に残ります。夜になるとこの水分は再び固まって、豆腐短冊にまた孔を空けます。

　これを数日繰り返すと豆腐短冊は孔だらけになって乾燥し、冬の太陽の紫外線によって漂白されて真っ白のカチンカチンの固体になります。これが高野豆腐なのです。

　この製法はフリーズドライと同じではありません。真空（低圧）操作は行なっていませんし、水は昇華していないからです。

11-4 コンニャク・凍みコンニャク

―― 豆腐と同じ塩析の原理でできていた！

　お肉の脂身のようにグニュグニュして、それでいて歯ごたえもある**コンニャク**。どのような原料から、どのようにしてつくるのか？
　コンニャクはそれを想像するのが難しい食品の1つではないでしょうか。
　コンニャクはコンニャクという植物の根、コンニャクイモ（蒟蒻芋）からつくります。コンニャクという植物は多年草です。植えて1年経った秋に掘りだし、翌春それを植えて根を太らし……、ということを繰り返して3〜4年経つと直径30cm、重さ2〜3kgのイモができます。毎年秋に掘りだすのは、コンニャクのもともとの原産地（インド、またはベトナムとされる）が南方で、冬の寒さに弱いためです。
　このイモを収穫して茹でた後に皮を剥き、等量の水とともにミキサーにかけて粉砕します。ここに水酸化カルシウム（消石灰）$Ca(OH)_2$ や炭酸ナトリウム Na_2CO_3 の水溶液を入れて撹拌し、全体が糊状になったら30分ほど放置します。
　これを適当に切り分けながらタップリのお湯に入れ、そのまま20〜30分茹でて石灰分などを溶出すれば、コンニャクのでき上がりです。

コンニャクの原料はコンニャクイモに含まれるグルコマンナンと呼ばれる炭水化物です。これはデンプンと同じ多糖類であり、マンノースと呼ばれる単糖がたくさん結合した物です。コンニャクをすりつぶした溶液の中にはグルコマンナンが微粒子として漂っています。つまり、豆腐の場合と同様、コンニャクもコロイド溶液になっているのです。

ここに水酸化カルシウムや炭酸ナトリウムというイオン性物質を加えるのですから、この操作は豆腐をつくるのと同じく**塩析**です。ということで、**コンニャクは豆腐とまったく同じ原理でつくられている**のです。

コンニャクの中でグルコマンナンは集まってケージ状の構造となり、その中に大量の水を保持します。そのため、**コンニャク重量の96〜97％は水の重量**です。このような水の保持機構はオムツなどに使う高吸水性高分子の機構と同じようなものです。

お菓子でお馴染みのコンニャクゼリーはゼラチンの代わりにコンニャク粉を用いたゼリーです。独特の弾力がある食感が喜ばれているようです。

コンニャクを短冊状に切った物に、凍み豆腐つくりと同じ操作を行なうと**凍みコンニャク**ができます。これは細かい孔が無数に空き、しかも基質がやわらかく肌触りがソフトなので、昔は食用以外に赤ちゃんの体を洗うのに用いたといいます。現在では食用以外にも、高級化粧品として用いられているといいます。

11-5 麩はどうつくられる?

——小麦粉から麩をつくるには

　麩は小麦粉に含まれるタンパク質であるグルテンを使った食材です。昔は中国の僧院などで、貴重なタンパク源として重宝されたといいます。麩は次のようにしてつくります。

　まず、小麦粉に食塩水を加え、よく練って生地をつくります。この生地を揉んで粘りが出たところで生地を布製の袋に入れて水中でさらに揉みます。するとデンプンが流れ出し、最後にガム状の物質が残ります。これが麩の原料になる**グルテン**です。

　このグルテンを成形して蒸した物が**生麩(なまふ)**です。生麩には小型のてまり形に丸める、スダレで巻く、あるいは板状の物を花形に抜くなど、デザイン性に富んだものがつくられています。

　生麩を油で揚げると**揚げ麩**になり、生麩を煮てから乾燥させると**乾燥麩**になります。**焼き麩**というのは上記の原料に小麦粉、ベーキングパウダー、もち米粉などを加えて練り合わせ、焙(あぶ)り焼きしたものです。饅頭型に焼いた**饅頭麩**、バウムクーヘンのように棒に何層にも巻きつけながら焼いた**車麩(くるまふ)**などがあります。

　生麩で餡を包んだ物が麩饅頭です。笹の葉などで包んで供されます。また砂糖などを混ぜてつくった棒状の焼き麩に、溶かした黒砂糖を塗った物として**麩菓子**があります。

11-6 煮凝り・ゼリー・グミの原料は?

――パイナップル入りのゼリーはなぜ固まらない?

　魚の煮物を冷蔵庫に入れておくと、煮汁が固まって**煮凝り**になります。これはフランス語でアスピックといい、立派な料理の一品目です。ゼリーやグミは煮凝りを洗練（精製）したものということができるでしょう。

　魚や肉の煮汁の中にはタンパク質の一種であるコラーゲンが溶け出しています。コラーゲンは3本の糸が三つ編みになったような長い分子です。動物のタンパク質の3分の1はコラーゲンであるといいます。

　<u>コラーゲンは溶液温度が常温より高いときには溶液中を動き回り</u>、そのため煮汁は液体です。しかし、<u>冷えると熱エネルギーを失い、固まってしまいます</u>。先に見たゾルからゲルへの変化です。このとき、コラーゲンはケージ状の構造をとり、中に液体を保持します。コンニャクの原理です。これが**アスピック**です。

　<u>コラーゲンを純粋な形で取り出した物が**ゼラチン**</u>です。ゼラチンを水に溶かすと溶液状になりますが、冷やすとケージ状の固体構造となり、中に果汁などの液体を取り込みます。これが**ゼリー**です。つまり、関節の円滑化などのためにコラーゲンを摂取しようと思っ

たら、ゼリーを食べるのが最も手っ取り早く確実で、かつ安価な手段ということです。

ゼリーというとお菓子のゼリーを思い浮かべます。しかし、デザートに供せられるゼリー（ジェロ）にはゼラチン濃度が低く、野菜などを中に入れた緩やかなゼリーもあります。

図 11 - 2 ● 煮凝りもゼラチンも魚・肉の煮汁から

ゼラチン溶液が固まる温度は 20 〜 28℃です。そしてそれより5℃ほど高くなると融けて液体に戻ります。

キウイやパイナップルなどを入れたゼリーは固まらないといわれます。その理由は、これらの植物にタンパク質分解酵素が多量に含まれているためです。これらのゼリーをつくるためには、果実をあらかじめ煮るなどして加熱し、その酵素を失活させておく必要があります。

なお、グミはゼリーのゼラチンを増やした物です。

寒天よせ・乾燥寒天

―― ゼラチンより舌触りのよい植物性原料

日本の伝統料理に**寒天よせ**、あるいは単に**寒天**と呼ばれる物があります。外見は半透明でゼリーと同じですが、舌触りがはるかに滑らかでツルンとした感じです。

寒天よせは海藻のテングサからつくります。テングサを水で煮た後、ろ過して不純物を除き、液体部分を常温に置くと固まって半透明な固体になります。寒天の固まる温度は 33～45℃、融ける温度は 85～95℃で、ゼリーよりずっと高温です。この変化は 8 章 3 節で見た、コロイドのうち流動性のあるゾルから流動性のないゲルに変わる変化です。

寒天溶液に味付けをしたり、中に野菜や魚肉を入れて固めた物が寒天よせです。寒天の原料はアガロースやアガロペクチンという多糖類であり、一般に植物繊維と呼ばれるものの一種です。テングサを煮ると、この成分が溶け出し、冷えるとケージ状に固まるのはゼリーと同じ原理です。ただし、<u>寒天の成分はタンパク質ではないので、固まるのに酵素で阻害されない</u>のです。そのためキウイやパイナップルなどタンパク質分解酵素を持っているため、ゼリーに入れることのできない果実を入れたゼリー（状の物）をつくる際にゼラチンの代用として利用されたりもします。

寒天にはカロリーがほとんどありませんので、寒天でつくった寒天麺はダイエット食として人気です。

　味付けしない寒天よせを羊羹状に切り、高野豆腐と同じ操作を施してつくった乾燥食材を乾燥寒天、あるいは単に寒天といい、寒天よせの原料として使います。

　乾燥寒天の種類としては、断面が3cm角の正方形、長さ20cmほどの棒状の物（棒寒天）や、細い糸状の物（糸寒天）、粉状の粉末寒天などがあります。いずれも水で煮て、溶液を室温に放置すればそのまま固まって寒天よせとなります。

　食用とは異なりますが、微生物を培養するために「寒天培地」が広く使われています。

図 11 - 3 ● 寒天培地で微生物の研究

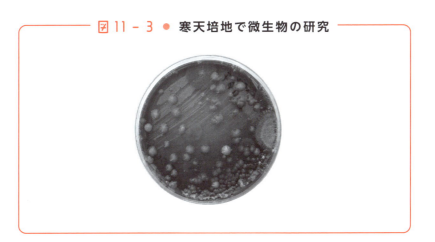

11-8 人気のナタデココ・タピオカ

――ココナッツの実、キャッサバのデンプンが原料

○ナタデココ

このイカの刺身のような物質「ナタデココ」は、ほとんどが菌の合成するセルロースです。ですから、キノコのイシヅキのような物なのです。

<u>ナタデココ</u>の主な原料は<u>ココナッツの実</u>です。ココナッツの固い殻の中には、とろりとした果肉部分と液状のココナッツ水があります。このココナッツ水に水や砂糖を加えた後、酢酸菌の一種であるアセトバクター・キシリナムという菌を加えて発酵させるのです。すると、表面に徐々に膜ができてきます。2週間ほど経つと膜の厚さがが15mmほどになります。そのときに取り出したものがナタデココです。

日本で一般に出回っているのは、この膜を食べやすく切り、酸を抜いてシロップ漬けにしたものです。ナタデココはスペイン語で、「ナタ」は「液状に浮く上皮」、「デ」は英語の of にあたり、「ココ」はココナッツの意味です。まさにその名の通り「ココナッツに浮く上皮」なのです。

○タピオカ

ナタデココに食感が似た物に**タピオカ**がありますが、両者はまったく違う物であり、つくり方もまったく異なります。

タピオカはキャッサバという植物の根から採ったデンプンのことをいいます。デザートなどに使う粒状の物はタピオカからつくったタピオカパールと呼ばれるものです。

これをつくるにはタピオカの粉（デンプン）に水を加えて糊化させた物を専用の容器に入れ、回転させると雪だるま式に球状になります。これを乾燥したものがタピオカパールです。これを煮戻したものがデザートやコンソメスープの浮身などに用いられるタピオカというわけです。

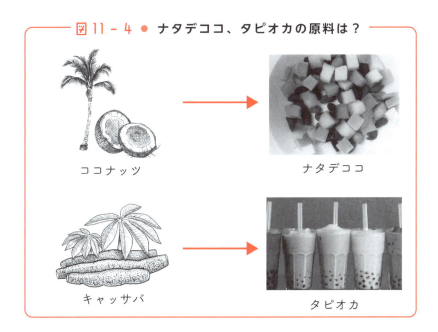

図 11 - 4 ● ナタデココ、タピオカの原料は？

ココナッツ → ナタデココ

キャッサバ → タピオカ

11-9 ジャム・マシュマロの意外な素顔

―― なぜ、ジャムづくりには「酸」が必要なの？

○「イチゴ＋砂糖」ではジャムにならない！

ジャムはありふれた食品ですが、もしかして、「イチゴを砂糖で煮ればジャムになる！」などと安易に考えてはいないでしょうか？

イチゴを砂糖で煮たものは、いわば「イチゴの砂糖煮」にすぎず、水分と果実が分離したものです。とうてい、イチゴジャムのように強く糊化したものにはなりません。

ジャムは果実に含まれるペクチンという多糖類が溶出し、それが集合固化して固い粘液状になったものです。**ジャムをつくるには、果実に砂糖と酸を加えて煮る**、という行為が必要です。なぜ、酸が必要なのでしょうか？

- **○煮る**：果実を煮ると、細胞壁が壊れ、細胞壁をつくっていたペクチンが溶出します。
- **○砂糖を加える**：溶出したペクチンには多くの水分子が溶媒和状態で接合しています。これではペクチンは水に邪魔されて互いに接合することができません。そこで吸水力のある砂糖で水を除きます。つまり、コロイドの塩析のような現象です。**ジャムづくりでは、塩の代わりに砂糖を使って脱水する**のです。
- **○酸を加える**：ペクチンは酸 RCOOH の一種です。酸は果実中

で電離して陰イオン RCOO⁻ と水素イオン H⁺ になっています。H⁺ は果実中に散らばって隠れています。

$$RCOOH \rightarrow RCOO^- + H^+$$

ジャムになるためには RCOO⁻ が集まって集団にならなければなりませんが、陰イオン状態では互いに静電反発のために集まることができません。そこで酸を加えることで H⁺ を増やします。すると RCOO⁻ が RCOOH に戻り、集合固化することができるのです。

マーマレードは果実の代わりに果実の皮を利用したものですから、ジャムとまったく同じです。

フルーチェは牛乳にペクチンを加えて固めたものです。牛乳中のカルシウムイオン Ca²⁺ が H⁺ の代わりになって RCOO⁻ の陰イオンを中和することによってペクチンを集合固化させたものです。

〇マシュマロは動物性食品だった！

マシュマロは植物性の食品のように見えますが、実はマシュマロはゼラチンと卵白を使った完全動物性食品です。マシュマロは次のようにしてつくります。

鍋に砂糖・水あめ・水を入れて火にかけ、煮詰めて熱いシロップをつくります。泡立てた卵白メレンゲに、熱いシロップを糸を引くように落としながら混ぜ入れ、さらに、水で戻したゼラチンを素早く加え、十分に泡立てます。型にコーンスターチと粉砂糖を振っておき、生地を入れて固めます。できたら、くっつかないよう、表面にデンプンをまぶして完成です。

さくいん

数字・欧文

2,4-D	148
3大栄養素	112
DDT	113, 147
DHA	57, 96
EPA	95
LD_{50}	74
LL牛乳	188
O-157	81
pH	21
SPF豚	34

あ

合鴨	39
青魚	57
赤ナマコ	63
赤豚	32
赤身魚	56
アク抜き	140
アスタキサンチン	58
アスパルテーム	166
アスピック	264
脂味	171
アフラトキシン	145
アミノ酸	44
イオン交換膜	159
イクラ	69
遺伝子	125
遺伝子組み換え	125
引火点	104
浮き粉	217
ウシガエル	66
うどん	211
液体ミルク	180
エステル	89
エビ	64
塩基性食品	19, 23
塩析	259, 262
塩蔵	70
大麦	109
踊り食い	72
$\omega-3$系統	97
$\omega-3$脂肪酸	96

$\omega-6$系統	97
オリーブ油	86

か

海藻	132
貝毒	77
回遊魚	57
カエンタケ	144
化学肥料	112
加工食品	10
果実菜	131
加水分解	44
カゼイン	192
化石燃料	110
片栗粉	216
脚気	118
果糖	134, 164
カニ	65
カフェイン	244
鴨	39
ガラクトース血症	197
ガラムマサラ	154
カルシウム味	171
寒天よせ	266
乾麺	211
きしめん	211
キシリトール	165
キチン質	64
キメラ	126
救荒作物	143
牛乳アレルギー	196
強力粉	215
魚介類	56
魚醤	153
魚油	85
菌類	131
空中窒素の人工固定法	112
葛粉	216
グルテン	214, 222, 263
黒豚	32
クロワッサン	206
経口致死量	74
鶏卵	201

ゲノム	125
ゲノム編集	125 ,127
ゲル	186
玄米	117
高温短時間殺菌	188
硬化油	91
麹	152
硬水	19
酵素	44
交配	125
高分子	44
コウモリ	37
高野豆腐	260
五香粉	154
国産牛肉	27
穀醤	153
コク味	171
固体発酵	252
ゴマ油	86
小麦	108
コメ	108
コラーゲン	58
コレステロール	93
コロイド溶液	183
根菜	131
昆虫食	66
コンニャク	261
コンニャク粉	217
コンビーフ	54
コンフリー	142

さ

採灌	158
桜肉	36
サッカリン	165
サトウキビ	163
サルモネラ菌	81
サルモネラ中毒	203
山菜	133
三重点	15
酸性雨	22
酸性食品	19, 23
三大和牛	28
シガトキシン	76

七面鳥	39
シナモン	240
ジビエ	35
凍みコンニャク	262
ジャガイモ	142
ジャム	270
十割そば	224
種子菜	131
醤	153
硝安	112
昇華	13, 255
脂溶性ビタミン	137
醸造酒	249
状態	11
醤油	152, 174
食パン	207
植物性タンパク質	47
植物性油脂	85
ショ糖	134
白身魚	56
真空式蒸発缶	159
人工甘味料	165
親水コロイド	184
酢	153, 174
水蒸気蒸留	252
スイセン	141
水素イオン指数	21
水溶性ビタミン	137
水和	18
スギヒラタケ	143
スコヴィル	170
筋子	69
スズラン	142
スッポン	66
スパゲティ	212
スパム	54
スペアリブ	34
ズルチン	166
生鮮食品	10
成分調整牛乳	187
成分無調整牛乳	187
セッケン分子	101
接触還元	91
ゼラチン	264

273

ゼリー	264
煎熬	158
センザンコウ	37
全粒粉	214
疎水コロイド	184
そばがき	223
そばきり	223
ゾル	186
ソルビトール	135, 165

た

代謝	92
大豆油	86
太白油	86
タウリン	67
高木兼寛	119
田鴨	66
脱脂粉乳	194
タバスコ	155
タピオカ	269
炭水化物	120
タンパク質	44
チクロ	166
チーユ	85
中力粉	215
腸炎ビブリオ菌	81
超高温瞬間殺菌	188
つなぎ	224
低温保持殺菌	188
低脂肪牛乳	187
テトロドトキシン	75
度	248
トウゴマ	87
糖質	120
豆腐	256
動物性タンパク質	47
動物性油脂	84
糖類	120
溶ける	18
融ける	18
ドライアイスセンセーション	76
トランス脂肪酸	94
トリカブト	141
トルティーヤ	219

な

ナタデココ	268
菜種油	85
灘の宮水	20
生菓子	230, 236
生ハム	53
生ハムでないハム	53
生麩	263
生麺	211
生湯葉	256
ナン	208
軟水	19
匂い分子	240
ニガクリタケ	144
煮凝り	264
日本そば	211
乳酸菌	199
乳清	194
乳糖不耐症	121, 196
熱変性	49
練り物	70
農薬	114
ノロウイルス	81

は

バイオ燃料	110
バイキン	79
薄力粉	215
バター	193
バターミルク	193
麦角アルカロイド	145
発火点	104, 105
発酵食品	173
発酵バター	195
花菜	130
バニラ	240
ハーバー・ボッシュ法	112, 116
ハーブ類	131
腹仔	69
ハリッサ	155
パリトキシン	77
バルサミコ酢	154
パン・ド・カンパーニュ	206

パン・トラディショネル	206	水の状態図	11
半生菓子	231	味噌	152, 173
干菓子	231, 238	緑の革命	114, 128
ヒ素中毒	181	ミネラル	23
ビタミン	136	味醂	153, 174
ビタミンB1不足	118	ミルク	189
必須アミノ酸	45	無菌豚	34
必須脂肪酸	96	メイラード反応	173
ヒトヨタケ	144	麺	210
ヒマシ油	87	森鴎外	119

パン・トラディショネル……………… 206
半生菓子………………………………231
干菓子…………………………231,238
ヒ素中毒…………………………… 181
ビタミン…………………………… 136
ビタミンB1不足………………… 118
必須アミノ酸……………………… 45
必須脂肪酸………………………… 96
ヒトヨタケ………………………… 144
ヒマシ油…………………………… 87
病原性大腸菌……………………… 81
ヒョウモンダコ………………… 78
ファンデルワールス力…………… 172
フォー……………………………… 213
フォカッチャ……………………… 207
フグ………………………………… 75
ブドウ球菌………………………… 81
ブドウ糖……………………… 134, 164
腐乳………………………………… 258
不飽和脂肪酸……………………… 67
フリーズドライ…………………… 14
フリーズドライ食品……………… 254
フリーズドライの原理…………… 255
ブリオッシュ……………………… 206
フルーツコウモリ………………… 37
プレッツェル……………………… 207
分散媒……………………………… 183
分子膜……………………………… 102
ベーグル…………………………… 208
ヘット……………………………… 85
変性………………………………… 47
ホイップクリーム………………… 193
ポストハーベスト農薬…………… 149
ボツリヌス菌…………………… 71, 80
ホモジナイズド牛乳……………… 187
ポリペプチド……………………… 46
ホワイトブレッド………………… 207
ポン酢……………………………… 155

ま

マスタード………………………… 154
マトン……………………………… 35
マヨネーズ………………………… 154
水…………………………………… 11

水の状態図………………………… 11
味噌…………………………… 152, 173
緑の革命……………………… 114, 128
ミネラル…………………………… 23
味醂…………………………… 153, 174
ミルク……………………………… 189
無菌豚……………………………… 34
メイラード反応…………………… 173
麺…………………………………… 210
森鴎外……………………………… 119

や

融解………………………………… 13
有機リン系殺虫剤………………… 147
油脂…………………………… 84, 92
輸入牛肉…………………………… 26
溶液………………………………… 16
葉菜………………………………… 130
溶質………………………………… 16
ヨウドデンプン反応……………… 123
溶媒………………………………… 16
溶媒和……………………………… 18

ら

ラード……………………………… 85
ラム………………………………… 35
両親媒性分子……………………… 101
ルイベ……………………………… 36
ロングライフ牛乳………………… 188

わ

ワインビネガー…………………… 154
和菓子……………………………… 230
ワラビ……………………………… 140
ワラビ粉…………………………… 217

著者紹介

齋藤 勝裕（さいとう・かつひろ）

1945年5月3日生まれ。1974年、東北大学大学院理学研究科博士課程修了、現在は名古屋工業大学名誉教授。理学博士。専門分野は有機化学、物理化学、光化学、超分子化学。主な著書として、「絶対わかる化学シリーズ」全18冊（講談社）、「わかる化学シリーズ」全16冊（東京化学同人）、「わかる×わかった！ 化学シリーズ」全14冊（オーム社）、『マンガでわかる有機化学』『毒の科学』『料理の科学』（以上、SBクリエイティブ）、『「発酵」のことが一冊でまるごとわかる』『生きて動いている「化学」がわかる』『元素がわかると化学がわかる』（以上、ベレ出版）など。

◉――カバー・本文デザイン	三枝 未央	
◉――編集協力	編集工房シラクサ（畑中 隆）	
◉――DTP・本文図版	あおく企画	
◉――本文イラスト	あおく企画・角愼作	

「食品の科学」が一冊でまるごとわかる

2019年9月25日	初版発行
2024年8月26日	第4刷発行

著者	**齋藤 勝裕**
発行者	内田 真介
発行・発売	ベレ出版
	〒162-0832 東京都新宿区岩戸町12 レベッカビル
	TEL.03-5225-4790 FAX.03-5225-4795
	ホームページ http://www.beret.co.jp/
印刷	モリモト印刷株式会社
製本	根本製本株式会社

落丁本・乱丁本は小社編集部あてにお送りください。送料小社負担にてお取り替えします。
本書の無断複写は著作権法上での例外を除き禁じられています。購入者以外の第三者による
本書のいかなる電子複製も一切認められておりません。

©Katsuhiro Saito 2019. Printed in Japan

ISBN 978-4-86064-593-9 C0043 　　　　　　　　　　　　　　編集担当　坂東一郎